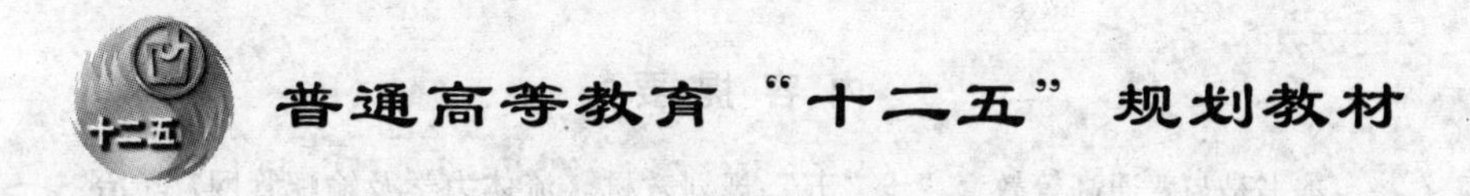

流体力学及输配管网学习指导

主　编　马庆元　郭继平
副主编　周卫红

北　京
冶金工业出版社
2012

内 容 提 要

本书是与普通高等教育“十二五”规划教材《流体力学及输配管网》（冶金工业出版社，2011 年）配套的学习辅导材料。全书共有十四章，内容主要包括流体静力学、一元流体动力学、流动阻力及能量损失、孔口出流与管嘴出流、气体射流、不可压缩流体动力学、泵与风机、管路与管网、气体管流水力特征与水力计算、液体输配管网水力特征与水力计算、泵和风机与管网系统的匹配、流体输配管网水力工况分析与调节等，和《流体力学及输配管网》相匹配。各章均设有基本知识点、难点、习题详解和练习题四大模块。其中，习题详解模块对配套教材中的典型习题进行了分析详解；练习题模块中含有以往研究生入学考试和注册工程师考试的部分试题，绝大部分练习题有参考答案。

本书可作为土木工程、建筑环境与设备工程、环境工程、市政工程、机械、冶金和化工等专业的教学参考书，也可供报考研究生、注册工程师以及从事相关专业的人员参考。

图书在版编目(CIP)数据

流体力学及输配管网学习指导/马庆元，郭继平主编．—北京：冶金工业出版社，2012. 7

普通高等教育“十二五”规划教材

ISBN 978-7-5024-5966-6

Ⅰ.①流…　Ⅱ.①马…　②郭…　Ⅲ.①流体力学—高等学校—教学参考资料　②房屋建筑设备—流体输送—管网—高等学校—教学参考资料　Ⅳ.①O35　②TU81

中国版本图书馆 CIP 数据核字(2012) 第 148259 号

出 版 人　曹胜利
地　　址　北京北河沿大街嵩祝院北巷 39 号，邮编 100009
电　　话　(010)64027926　电子信箱　yjcbs@ cnmip. com. cn
责任编辑　陈慰萍　美术编辑　李　新　版式设计　孙跃红
责任校对　卿文春　责任印制　牛晓波
ISBN 978-7-5024-5966-6
三河市双峰印刷装订有限公司印刷；冶金工业出版社出版发行；各地新华书店经销
2012 年 7 月第 1 版，2012 年 7 月第 1 次印刷
787mm × 1092mm　1/16；10. 25 印张；244 千字；152 页
22. 00 元

冶金工业出版社投稿电话：(010)64027932　投稿信箱：tougao@cnmip. com. cn
冶金工业出版社发行部　电话：(010)64044283　传真：(010)64027893
冶金书店　地址：北京东四西大街 46 号(100010)　电话：(010)65289081(兼传真)

前　言

本书是与马庆元、郭继平教授主编的普通高等教育“十二五”规划教材《流体力学及输配管网》（冶金工业出版社，2011 年）相配套的课程学习指导书。本书旨在帮助读者掌握流体力学及输配管网课程的学习方法，加深对基本概念、基础理论的理解，提高分析和解决实际工程问题的能力，同时为本课程的任课教师提供教学思路和大量具有工程背景的教学案例。本书也可作为相关专业人员报考研究生、注册工程师的参考用书。

全书共分十四章，与配套教材一一对应。每章除了归纳出主要知识点、学习难点外，还对典型习题（习题编号与教材一致）作了详解，并附数量充分的习题。

本书是长期从事流体力学及输配管网课程教学的老师们教学经验的总结与升华，内容精练，思路清晰，重点突出，案例充实，注重学生创新意识和工程能力的培养。流体力学及输配管网课程计划学时为 108 学时，编者尝试处理好本科教学与研究生入学考试、注册工程师资格考试的关系，对重点内容和一般性内容进行了分割和取舍，使本套教材的实用性更强。

本书除个别地方为了达到特殊目的之外，所有物理量均采用国际单位制。

本书是以配套教材为依托的学习辅导材料，读者应以阅读教材为基础，本书不追求内容、体系的完整性。

本书主编为马庆元、郭继平教授，马庆元教授负责本书总体内容的编排，郭继平教授负责编写第 10 ~ 14 章，周卫红负责编写第 1 ~ 9 章，并对习题、例题进行了认真的筛选。

由于编者水平所限，书中疏漏在所难免，恳请广大读者批评、斧正。

编　者

2012 年 5 月

目　录

第一章　绪　论

一、基本知识点

（一）基本概念

质量力、表面力、黏性、黏滞力、密度、压缩系数、体膨胀系数。

（二）液体的压缩性和膨胀性

（1）压缩系数：　$\alpha_p = \frac{d\rho/\rho}{dp} = -\frac{dV/V}{dp}$

（2）弹性模量：　$E = \frac{1}{\alpha_p} = \frac{dp}{d\rho/\rho} = -\frac{dp}{dV/V}$

（3）体膨胀系数：　$\alpha_V = -\frac{d\rho/\rho}{dT} = \frac{dV/V}{dT}$

（三）气体的压缩性和热胀性

气体的压缩性和热胀性可用理想气体状态方程或实际气体状态方程来求解。

（1）理想气体状态方程：

$$\frac{p}{\rho} = RT \tag{1-1}$$

式中　p——气体的绝对压强，Pa；

T——气体的热力学温度，K；

ρ——气体的密度，kg/m^3；

R——气体常数，J/(kg · K)，对于空气，$R=287$；对于其他气体，在标准状态下 $R=8314/n$，其中 n 为气体的相对分子质量。

（2）实际气体状态方程：

$$\frac{p}{\rho} = ZRT \tag{1-2}$$

式中　Z——压缩因子。

注意：（1）当气体压力较低、密度远小于极限密度时，气体参数符合式（1-1）。当压强增大到一定程度，气体状态参数之间的关系不服从理想气体状态方程，此时的气体称为真实气体。而描述真实气体 p、V、T 之间关系的表达式很多，这里只给出以压缩因子表示的实际气体状态方程，即式（1-2）。

（2）液体的热胀性和压缩性一般很小，多数情况下可以忽略不计。但在热水采暖、水击等情况下，往往要考虑水的压缩性和热胀性。

（四）牛顿内摩擦定律

$$T = \mu A \frac{du}{dy} \tag{1-3}$$

$$\tau = \frac{T}{A} = \mu \frac{du}{dy} \tag{1-4}$$

式中 τ——切应力，Pa；

T——内摩擦力，N；

μ——动力黏度，$N \cdot s/m^2$ 或 $Pa \cdot s$；

A——接触面积，m^2；

$\frac{du}{dy}$——速度梯度，s^{-1}。

动力黏度和运动黏度之间的关系为：

$$\nu = \mu/\rho \tag{1-5}$$

式中 ν——运动黏度，m^2/s。

二、难点

气体和液体的黏度随温度和压强变化规律。

液体的黏性随温度升高而减小，气体的黏性随温度升高而增大。压强对气体和液体的黏性影响不大。气体在小于几个大气压的压强的作用下，可认为其动力黏度与压强无关，但在高压下，气体和液体的动力黏度都随压强的升高而增大。

是不是任何情况下都需要考虑气体的压缩性?

当气体以较低速度（不大于68m/s）流动时，流动过程中压强和温度的变化较小，密度可认为是常数，此时气体称为不可压缩气体。反之，当气体流动速度较高时，流动过程中密度变化很大，此时气体称为可压缩气体，如燃气高压长输管线等。

三、习题详解

【习题1-6】 在图1-1中，汽缸内壁的直径 $D=12cm$，活塞的直径 $d=11.96cm$，活塞的长度 $l=14cm$，活塞运动的往复的速度为1m/s，润滑油的 $\mu=1.0Pa \cdot s$，试问作用在活塞上的黏滞力为多少?

解： 因黏性作用，与汽缸壁接触的润滑油层速度为零，活塞外沿的速度与活塞的运动速度相同，即 $v=1m/s$。由于活塞与汽缸的间隙很小，速度分布近似认为是直线分布，如图1-1（b）所示。故

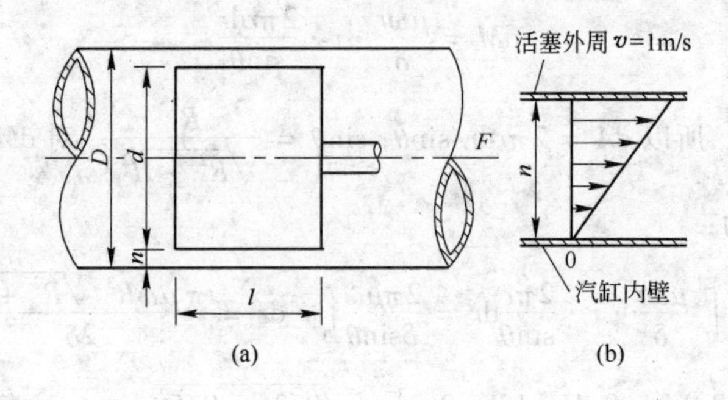

图 1-1　习题 1-6 图

$$\frac{\mathrm{d}u}{\mathrm{d}y}=\frac{v}{n}=\frac{1}{\frac{1}{2}\times(0.12-0.1196)}=5\times10^{3}\mathrm{s}^{-1}$$

由内摩擦定律有：

$$\tau=\mu\frac{\mathrm{d}u}{\mathrm{d}y}=0.1\times5\times10^{3}=5\times10^{3}\mathrm{N/m^2}$$

接触面积为：

$$A=\pi dl=3.14\times0.1196\times0.14=0.053\mathrm{m}^2$$

所以黏滞力为：

$$T=A\tau=0.053\times(5\times10^{3})=265\mathrm{N}$$

【习题 1-7】　一圆锥体绕其垂直中心轴等速旋转（见图 1-2），圆锥体与固定壁间的距离 $\delta=1\mathrm{mm}$，全部为润滑油（$\mu=0.1\ \mathrm{Pa\cdot s}$）充满。当旋转角速度 $\omega=16\mathrm{s}^{-1}$，锥体底部半径 $R=0.3\mathrm{m}$，高 $H=0.5\mathrm{m}$ 时，求作用于圆锥的阻力矩。

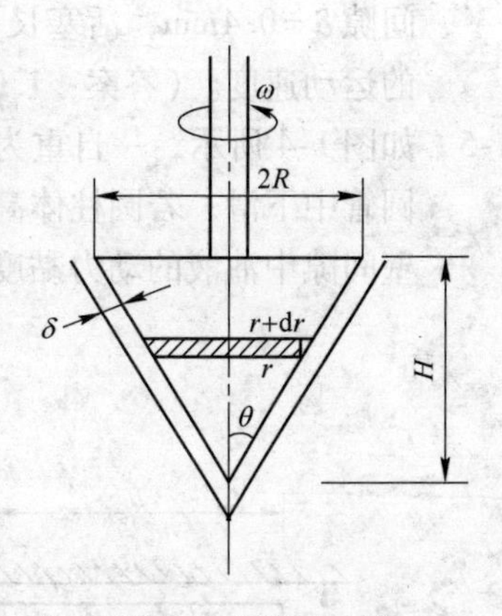

图 1-2　习题 1-7 图

解：已知阻力矩 M 为：

$$M=Tr=\tau Ar=\mu A\frac{\mathrm{d}u}{\mathrm{d}y}r=\mu A\frac{\mathrm{d}(\omega r)}{\mathrm{d}y}r$$

由于在圆锥的不同位置，半径不等，故圆锥侧面上各点的速度和阻力矩也不同，总的阻力矩需积分而得。

取 r 到 $r+\mathrm{d}r$ 一微元圆台为研究对象，则在半径 r 处的速度梯度为 $\frac{\mathrm{d}u}{\mathrm{d}y}=\frac{\omega r}{\delta}$，假定微元圆台的侧面积为 $\mathrm{d}A$，则微元圆台的阻力矩为：

$$\mathrm{d}M=Tr=\tau Ar=\mu A\frac{\mathrm{d}u}{\mathrm{d}y}r=\frac{\mu\omega r}{\delta}\cdot r\cdot\mathrm{d}A \tag{1-6}$$

$$\mathrm{d}A=\pi(r+\mathrm{d}r+r)\frac{\mathrm{d}r}{\sin\theta}=\pi[2r\mathrm{d}r+(\mathrm{d}r)^2]\frac{1}{\sin\theta} \tag{1-7}$$

将式（1-7）代入式（1-6）得：

$$dM=\frac{\mu\omega r}{\delta}\cdot r\cdot\frac{2\pi r\mathrm{d}r}{\sin\theta}$$

因为 $(\mathrm{d}r)^2\approx0$，所以 $\mathrm{d}A=2\pi r\mathrm{d}r/\sin\theta$，$\sin\theta=\frac{R}{\sqrt{R^2+H^2}}$。对 d$M$ 进行积分，即可得圆锥体所受阻力矩为：

$$M=\int_0^R\frac{\mu\omega r}{\delta}\cdot r\cdot\frac{2\pi r}{\sin\theta}\mathrm{d}r=\frac{2\pi\mu\omega}{\delta\sin\theta}\int_0^R r^3\mathrm{d}r=\frac{\pi\mu\omega R^3\sqrt{R^2+H^2}}{2\delta}$$

$$=\frac{3.14\times0.1\times16\times0.3^3\times\sqrt{0.3^2+0.5^2}}{2\times1\times10^{-3}}=39.51\mathrm{N\cdot m}$$

四、练习题

1-1 将一容器内的空气压缩，使其压强从 $p_1=0.98\times10^5$Pa 增至 $p_2=5.88\times10^5$Pa，温度从20℃升至78℃，问空气的体积减小了多少？（答案：86%）

1-2 计算压力为600kN/m²、温度为25℃的氯气的密度、重力密度和比体积。已知气体常数为8314J/(kmol·K)，氯气的相对分子质量为71。（答案：17.2kg/m³；169N/m³；0.058m³/kg）

1-3 已知干空气的组成成分的体积分数为氧气21%、氮气78%、氩气1%，试求干空气在压力为 9.81×10^4Pa 及温度为100℃时的密度。（答案：0.916kg/m³）

1-4 动力黏度 $\mu=0.065\mathrm{N\cdot s/m^2}$ 的油充满在活塞和汽缸的间隙中，汽缸直径 $D=12$cm，间隙 $\delta=0.4$mm，活塞长 $L=14$cm，如图1-3所示，若对活塞施以8.6N的力，求活塞的运动速度。（答案：1.01m/s）

1-5 如图1-4所示，一自重为9N的圆柱体，直径 $d=149.4$mm，在一内径 $D=150$mm 的圆管中下滑，若圆柱体高度 $h=150$mm，均匀下滑的速度 $u=46$mm/s，求圆柱体和管壁间隙中油液的动力黏度。（答案：0.83 Pa·s）

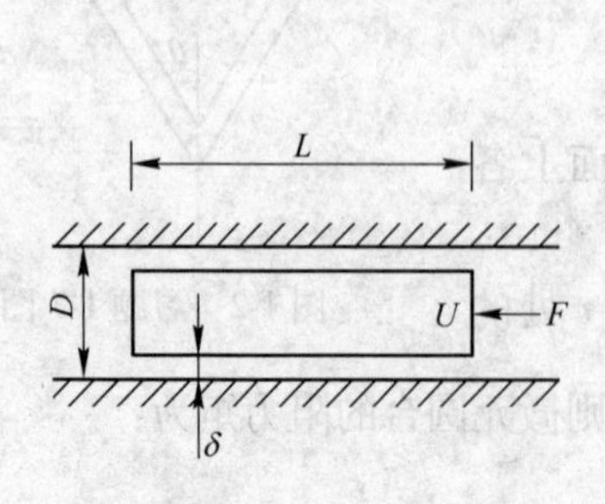

图1-3 题1-4图

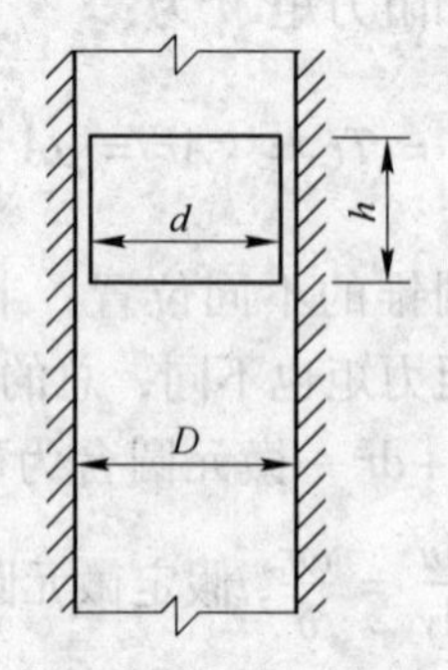

图1-4 题1-5图

1-6 黏度测量仪由内外两个同心圆筒组成，如图1-5所示，两筒的间隙充满油液。外筒与转轴连接，其半径为 r_2，旋转角速度为 ω。内筒悬挂于一金属丝下，金属丝上所受的力矩 M 可以通过扭转角的值确定。外筒与内筒底面间隙为 a，内筒高 H。试推出油液动力黏度的计算式。$\left(\text{答案}: \mu = \dfrac{M}{\dfrac{\omega}{a}\pi r_1^2\left[\dfrac{1}{2} + \dfrac{2ar_2H}{r_1^2(r_2 - r_1)}\right]}\right)$

1-7 如图1-6所示，上下平行两圆盘，直径均为d，间隙为δ，其间隙间充满黏度为μ的液体。若下盘固定不动，上盘以角速度ω旋转时，试写出所需力矩M的表达式。$\left(\text{答案}: M = \dfrac{\pi\mu\omega d^4}{32\delta}\right)$

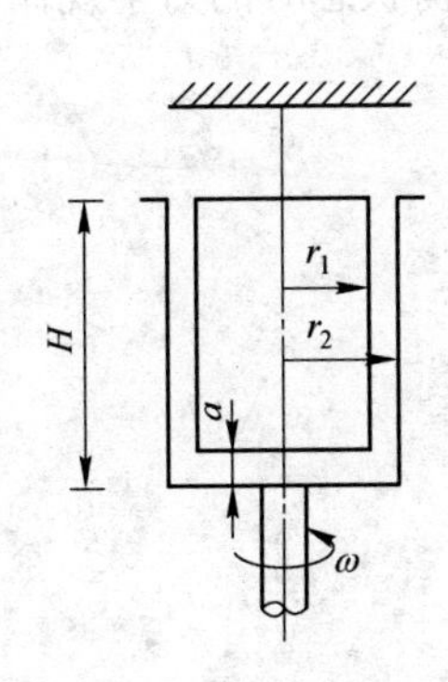

图1-5　题1-6图

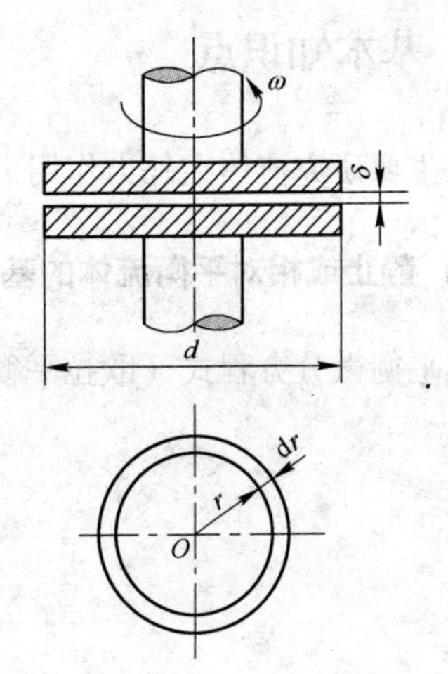

图1-6　题1-7图

第二章　流体静力学

一、基本知识点

本章主要研究流体在外力作用下，保持静止或相对平衡状态时的力学规律。

（一）静止或相对平衡流体的基本方程

流体平衡微分方程式（欧拉平衡方程）：

$$\left.\begin{aligned} \rho X - \frac{\partial p}{\partial x} = 0 \\ \rho Y - \frac{\partial p}{\partial y} = 0 \\ \rho Z - \frac{\partial p}{\partial z} = 0 \end{aligned}\right\} \tag{2-1}$$

$$dp = \rho(X dx + Y dy + Z dz) \tag{2-2}$$

式中　p——流体的压强函数，$p = p(x,y,z)$；
X,Y,Z——流体质点所受的单位质量力；
ρ——流体密度。

（二）流体静压强的两个重要特征

（1）流体静压强的方向沿作用面的内法线方向。
（2）静止流体任一点处的压强大小与其作用面的方位无关。

（三）静止流体压强的分布规律

重力场中，液体内某点的位置水头与压强水头之和等于常数，即

$$Z + \frac{p}{\rho g} = \text{const} \tag{2-3}$$

液面压强为 p_0，则液深 h 处的压强为：

$$p = p_0 + \rho g h \tag{2-4}$$

（四）压强的表示方法与单位

1. 压强的表示方法

按量度压强大小的基准（即计算的起点）的不同，压强有以下三种表示方法：

（1）绝对压强。以毫无气体存在的绝对真空为零点起算的压强，称为绝对压强，以 p' 表示。

（2）相对压强。以当地同高程的大气压强 p_a 为零点起算的压强，称为相对压强，以 p 表示。

（3）真空度。当相对压强为负值时，其绝对值称为真空度，以 p_V 表示。

$$p = p' - p_a \tag{2-5}$$

$$p_V = -p = -(p' - p_a) = p_a - p' \tag{2-6}$$

工程上通常只需要计算相对压强或真空度所引起的力学效果。但是当问题涉及流体的状态变化时（如涉及理想气体状态方程、流体压缩特性、汽化特性等情况），则必须采用绝对压强进行计算。工程上所指的表压强为相对压强。

2. 压强单位

（1）国际单位制：用单位面积上的力表示，$1Pa = 1N/m^2$。

（2）以液柱高度表示：静止液体由于重力作用，在支承面上将产生压力。同一点的压强表示为不同密度的液柱高时，其数值是不同的。常用水柱或水银柱高来表示压强的大小，常用测压管来测量。

测压管是一根玻璃直管或U形管，一端连接在需要测定的器壁孔口上，另一端开口，直接和大气相通。

（3）以标准大气压的倍数表示：

$$1atm(标准大气压) = 101325Pa = 10.33mH_2O(水柱) = 760mmHg(汞柱)$$

工程上为便于计算，规定：

$$1at(工程大气压) = 9.807 \times 10^4 Pa = 10^4 mmH_2O = 10^4 kgf/m^2$$

（五）等压面

等压面是平衡流体中由压强相等的点构成的空间平面或曲面。常见的等压面有自由液面和平衡流体中互不混合的两种流体的分界面。

等压面的两个特点：（1）等压面即为等势面；（2）等压面与质量力正交。

等压面是水平面应满足的条件：（1）静止；（2）连通；（3）连通的介质为同一均质流体；（4）质量力仅有重力。

（六）液体的相对平衡

液体等加速运动或等角速度旋转运动时，液体和容器之间保持相对静止的状态，称为液体相对平衡状态。自由液面如图2-1所示，可以通过流体平衡微分方程解得各种运动状态下的方程（见表2-1）。

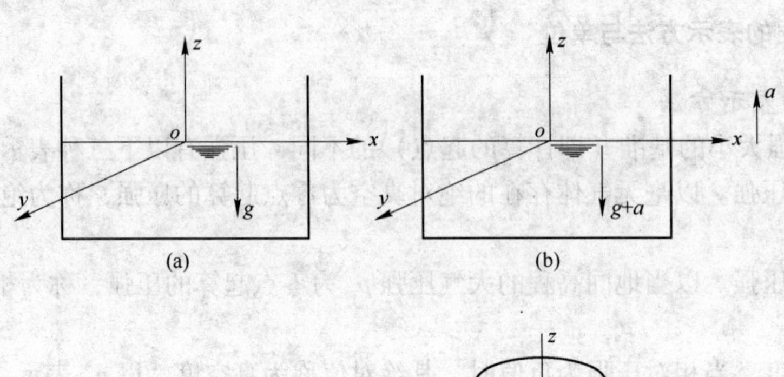

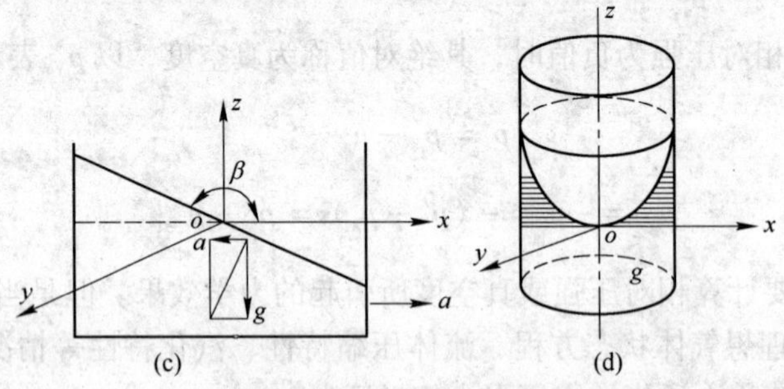

图 2-1 液体静止或相对平衡示意图

（a）静止；（b）垂直等加速直线运动；（c）水平等加速直线运动；（d）等角速度旋转运动

表 2-1 液体静止和相对平衡方程对比表

液体状态	静 止	垂直等加速直线运动	水平等加速直线运动	等角速度旋转运动
质量力在各轴向上的分力	$X=0$ $Y=0$ $Z=-g$	$X=0$ $Y=0$ $Z=-g-a$	$X=-a$ $Y=0$ $Z=-g$	$X=\omega^2x$ $Y=\omega^2y$ $Z=-g$
基本方程式（p 为相对压强）	$p=-\rho gz$	$p=-\rho(g+a)z$	$p=\rho g\left(-\dfrac{a}{g}x-z\right)$	$p=\rho g\left(\dfrac{\omega^2r^2}{2g}-z\right)$ $p=\rho g\left(\dfrac{u^2}{2g}-z\right)$
等压面方程	$z=$ 常数	$z=$ 常数	$z+\dfrac{a}{g}x=$ 常数	$\dfrac{\omega^2r^2}{2g}-z=$ 常数
自由面方程	$z=0$	$z=0$	$z=-\dfrac{a}{g}x$	$z=\dfrac{\omega^2r^2}{2g}$
自由面形状	平 面	平 面	倾斜面	旋转抛物面
自由面下任一点压强	$p=p_a+\rho gh$ $h=-z$	$p=p_a+\rho(g+a)h$ $h=-z$	$p=p_a+\rho gh$ $h=-\dfrac{a}{g}x-z$	$p=p_a+\rho gh$ $h=\dfrac{\omega^2r^2}{2g}-z$

二、难点

测压管水头、测压管液面高度、容器液面高度之间的区别和联系。

测压管水头是位置水头与压强水头 $p/\rho g$ 之和；测压管液面高度是测压管中指示液的液面距某基准面的高度；容器内的液面高度为实际液面高度。

测压管水头高度也可以用虚设液面（或称虚设自由面）来表示。当封闭容器液面的压强 p_0 不等于大气压强 p_a 时，这个假设的液面与容器的实际液面的距离为 $|p_0-p_a|/\rho g$。若 $p_0>p_a$，则需设液面在实际液面上方；反之，在下方。

测压管液面高度和测压管水头不是一个概念。但如果基准面为同一个平面，且测压管中的指示液与容器内的液体为同一种液体时，两者高度相等；当两者为不同液体时，由于密度的不同，$p/\rho g$ 也不相同，所以，两者的高度也不相同。

同一容器或连通器中盛有不同密度的液体时压强的关联。

当同一容器或连通器中盛有不同密度的液体时，由于是不连续液体，所以，不能使用等压面为水平面的规律，因此也就不能直接从一种液体中的某一点直接求另一种液体中的某一点压强。但是两种液体的分界面处的压强可以分别从这两种液体中找到等压面，也就是说不同液体的分界面为压强关联的联系面。这是求解流体静力学问题的关键。

为什么等加速运动、等角速度旋转运动时液体保持相对平衡?

当装有液体的容器运动（直线等速、直线等加速或等角速度旋转运动），容器中的液体也跟着运动。对于固定于地球上的坐标系来讲，液体的位置（指其运动已到恒定状态而不是运动的开始）是变化的；但对容器来讲，其位置是不变的，且液体内各质点间的相对位置也是不变的。整个液体就像刚体运动一样，处于相对静止状态。

三、习题详解

【习题 2-1】 封闭水箱如图 2-2 所示。自由面的绝对压强 $p_0=122.6\text{kPa}$，水箱内水深 $h=3\text{m}$，当地大气压 $p_a=88.26\text{kPa}$。求：

（1）水箱内绝对压强和相对压强最大值。

（2）如果 $p_0=78.46\text{kPa}$，求自由面上的相对压强、真空度或负压。

解：（1）从压强与水深的直线变化规律可知，水最深的地方压强最大，所以，水箱底面压强最大。

$$p'_A=p_0+\rho gh=122.6+1\times9.8\times3=152\text{kPa}$$

$$p_A=p'_A-p_a=152-88.26=63.74\text{kPa}$$

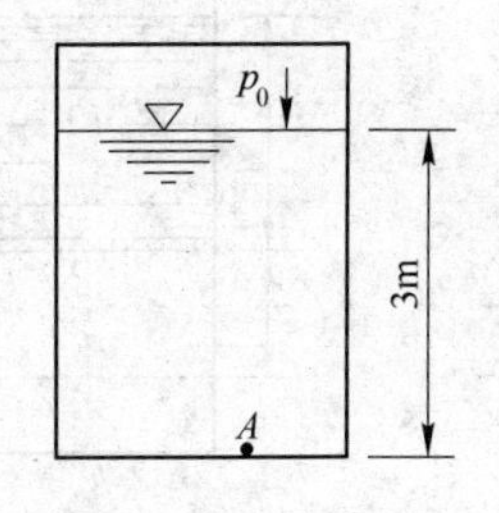

图 2-2 习题 2-1 图

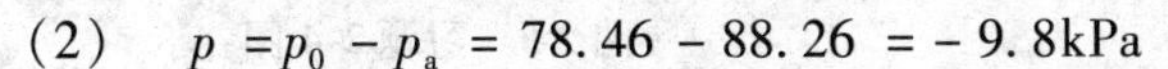

（2） $p=p_0-p_a=78.46-88.26=-9.8\text{kPa}$

$$p_V = -p = 9.8\text{kPa}$$

【习题 2-2】　对于压强较高的封闭容器，可以采用复式水银测压计，如图 2-3 所示。测压管中各液面高程为 $\nabla_1 = 1.5\text{m}$，$\nabla_2 = 0.2\text{m}$，$\nabla_3 = 1.2\text{m}$，$\nabla_4 = 0.4\text{m}$，$\nabla_5 = 2.1\text{m}$。求液面压强 p_5。

解：如图 2-3 所示，2—2 断面、4—4 断面均为等压面，由于 2 断面和 3 断面之间为气体，所以 2 断面和 3 断面之间为等压面 $p_2 = p_3$。以以上断面为关联面可求液面的压强为：

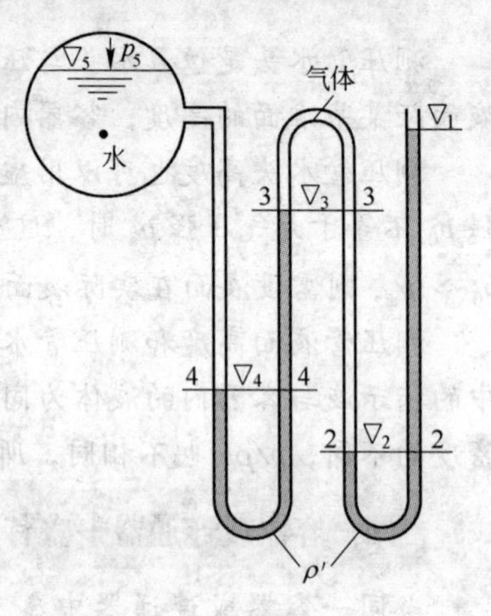

图 2-3　习题 2-2 图

$$\begin{aligned}
p_5 &= p_4 - \rho g(\nabla_5 - \nabla_4) \\
&= p_3 + \rho' g(\nabla_3 - \nabla_4) - \rho g(\nabla_5 - \nabla_4) \\
&= p_2 + \rho' g(\nabla_3 - \nabla_4) - \rho g(\nabla_5 - \nabla_4) \\
&= \rho' g(\nabla_1 - \nabla_2) + \rho' g(\nabla_3 - \nabla_4) - \rho g(\nabla_5 - \nabla_4) \\
&= \rho' g(\nabla_1 - \nabla_2 + \nabla_3 - \nabla_4) - \rho g(\nabla_5 - \nabla_4) \\
&= 13.6 \times 9.8 \times (1.5 - 0.2 + 1.2 - 0.4) - \\
&\quad 1 \times 9.8 \times (2.1 - 0.4) \\
&= 263.2\text{kPa}
\end{aligned}$$

【习题 2-3】　开敞容器盛有 $\rho_2 > \rho_1$ 的两种液体，如图 2-4 所示，问 1、2 两测压管中的液面哪个高些，哪个和容器的液面同高？

解：1 测压管中的液面高，1 与容器的液面同高。

如图 2-4 所示，列 1—1 断面等压面的方程：

$$\rho_1 g h_1 + \rho_2 g h_2 = \rho_2 g h_3$$

$$h_3 = \frac{\rho_1}{\rho_2} h_1 + h_2$$

因为 $\frac{\rho_1}{\rho_2} < 1$，所以 $h_3 < h_1 + h_2$，测压管 2 的液面高度低于测压管 1 的液面高度。

【习题 2-4】　水管上安装一复式水银测压计如图 2-5 所示。问 p_1、p_2、p_3、p_4 哪个最大，哪个最小，哪些相等？

解：如图 2-5 所示，A—A、B—B、2—3 断面为等压面，则

$$p_4 + \rho_{H_2O} g h_1 = p_3 + \rho_{Hg} g h_1$$

$$p_2 + \rho_{H_2O} g h_2 = p_1 + \rho_{Hg} g h_2$$

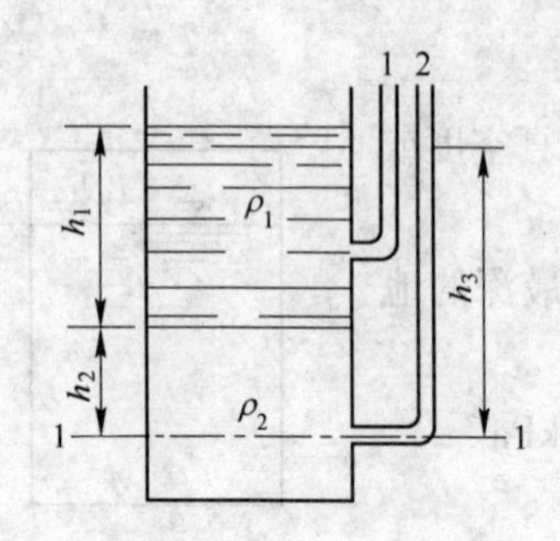

图 2-4　习题 2-3 图

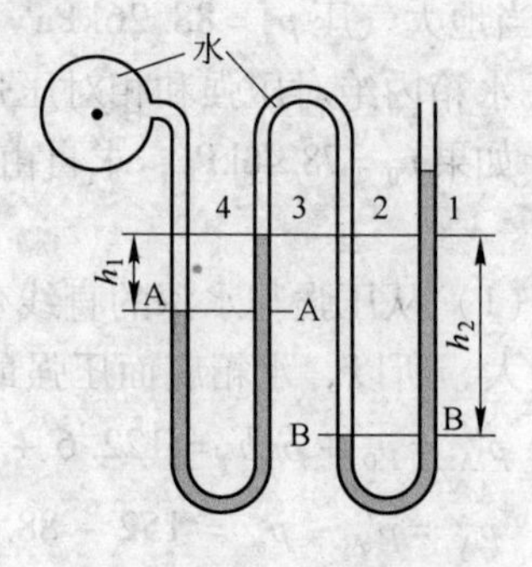

图 2-5　习题 2-4 图

因为$\rho_{H_2O}<\rho_{Hg}$，所以$p_3<p_4$、$p_1<p_2$，即$p_1<p_2=p_3<p_4$。

【习题 2-7】 在水泵的吸入管 1 和压出管 2 中安装水银压差计（见图 2-6），测得 $h=120mm$，问水经过水泵后压强增加多少？若为风管，则水泵换为风机，压强增加了多少 mmH_2O？

解： 由图 2-6 可列下列方程（水泵）：

$$p_1+(\rho_{H_2O}gh_1+\rho_{Hg}gh)=p_2+\rho_{H_2O}g(h_1+h)$$

$$p_2-p_1=(\rho_{Hg}-\rho_{H_2O})gh$$

$$=(13.595-1)\times9.8\times0.12=14.81kPa \tag{2-7}$$

若为风机，只需将式（2-7）中的ρ_{H_2O}换成$\rho_{Air}=0$ 即可计算。

$$p_2-p_1=\rho_{Hg}gh=13.595\times9.8\times0.12=15.99kPa=1.631mH_2O=1631mmH_2O$$

【习题 2-13】 一直立煤气管（见图 2-7），在底部测压管中测得水柱差 $h_1=100mm$，在 $H=20m$ 高处的测压管中测得水柱差 $h_2=115mm$，管外空气密度 $\rho_气=1.29kg/m^3$，求管中静止煤气的密度。

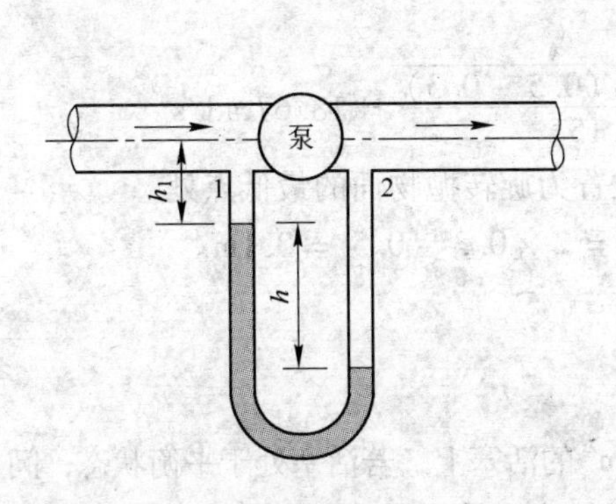

图 2-6 习题 2-7 图

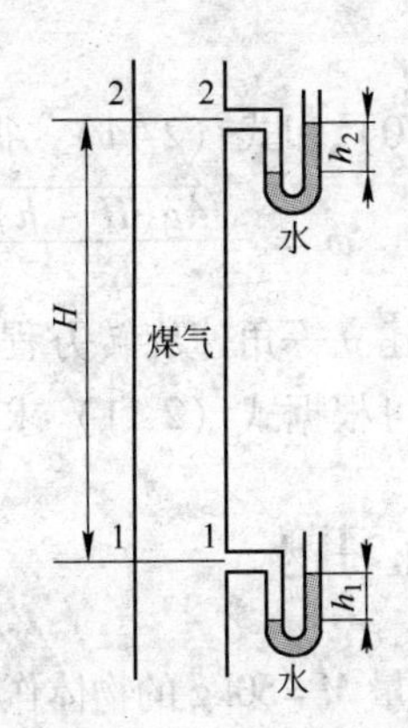

图 2-7 习题 2-13 图

解： 设 2 断面大气压强为 p'_a，1 断面大气压强为 p_a，则

$$p_2=p'_a+\rho_{H_2O}gh_2$$

$$p_1=p_a+\rho_{H_2O}gh_1$$

$$p'_a=p_a-\rho_气 gH$$

所以

$$p_2-p_1=\rho_{H_2O}g(h_2-h_1)-\rho_气 gH \tag{2-8}$$

又因为

$$p_2-p_1=-\rho_煤 gH \tag{2-9}$$

联立式（2-8）和式（2-9）得：

$$\rho_气-\rho_煤=\frac{\rho_{H_2O}(h_2-h_1)}{H}$$

$$=\frac{1000\times(115-100)\times10^{-3}}{20}$$

$$=0.75kg/m^3$$

因此，$\rho_煤=0.54kg/m^3$。

【习题 2-14】 圆柱形容器的半径 $R=15\text{cm}$，高 $H=50\text{cm}$，盛水深 $h=30\text{cm}$，如图 2-8 所示。若容器以等角速度 ω 绕 z 轴旋转，试求 ω 最大为多少时才不致使水从容器中溢出？

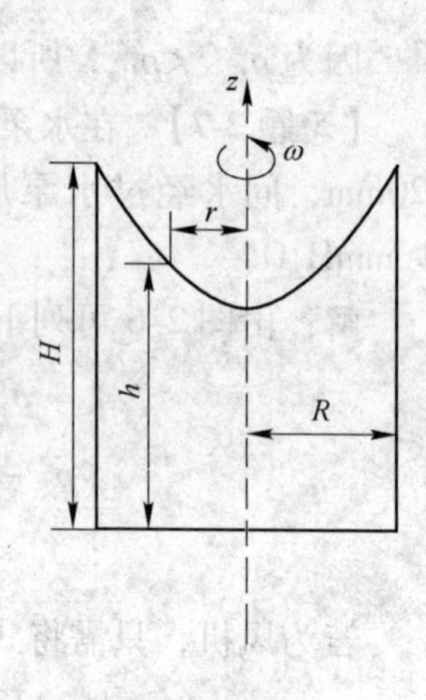

图 2-8　习题 2-14 图

解：假设自由表面最低处距容器底部的距离为 h_0，若水不从容器中流出，则方程 $p=\rho g\left(\frac{\omega^2 r^2}{2g}-z\right)$ 中半径 $r=R$、$z=H-h_0$ 时，自由表面的相对压强 $p=0$。

$$p=\rho g\left[\frac{\omega^2 R^2}{2g}-(H-h_0)\right]=0$$

$$H-h_0=\frac{\omega^2 R^2}{2g} \tag{2-10}$$

又因为旋转前后，容器内水的体积不变，因此有：

$$\pi R^2 h=\pi R^2 H-\frac{1}{2}\pi R^2(H-h_0)$$

整理得

$$H-h=\frac{1}{2}(H-h_0) \tag{2-11}$$

联立式（2-10）和式（2-11），得

$$\omega=\frac{\sqrt{4g(H-h)}}{R}=\frac{\sqrt{4\times 9.8\times(0.5-0.3)}}{0.15}=18.67\text{rad/s}$$

注意：建立等角速旋转方程时，所选原点位置为旋转抛物面的最低点处。

此题也可根据式（2-11）求出 $h_0=2h-H=2\times 0.3-0.5=0.1\text{m}$。

四、练习题

2-1　以一质量 $M=50\text{kg}$ 的物体作用于面积为 100cm^2 的活塞上，若活塞处于平衡状态，问与活塞下面相接触处水的压强多大？能使水和水银产生多大的压头？（答案：$p=49000\text{Pa}$，$h_{H_2O}=5\text{m}$，$h_{Hg}=368\text{mm}$）

2-2　密度为 ρ_a 和 ρ_b 的两种液体，装在图 2-9 所示的容器中，各液面深度如图所示。若 $\rho_b=1000\text{kg/m}^3$，大气压强 $p_a=98\text{kPa}$，求 ρ_a 和 p_A。（答案：$\rho_a=700\text{kg/m}^3$，$p_A=106.33\text{kPa}$）

2-3　如图 2-10 所示，在封闭管端完全真空的情况下，水银柱差 $Z_2=50\text{mm}$，求盛水容器

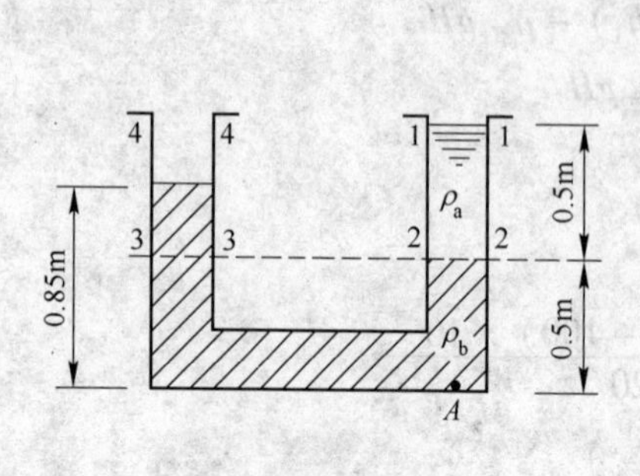

图 2-9　题 2-2 图

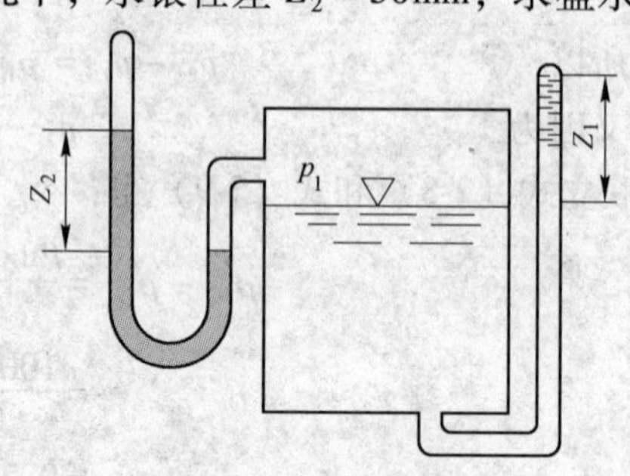

图 2-10　题 2-3 图

液面绝对压强 p_1 和水面高度 Z_1。（答案：$p_1=6.66\text{kPa}$，$Z_1=680\text{mm}$）

2-4 封闭容器（见图 2-11）水面的绝对压强 $p_0=107.7\text{kPa}$，当地大气压强 $p_a=98.07\text{kPa}$。试求：

（1）水深 $h_1=0.8\text{m}$ 时，A 点的绝对压强和相对压强。

（2）若 A 点距基准面的高度 $Z=5\text{m}$，求 A 点的测压管高度及测压管水头。

（3）压力表 M 和酒精（$\rho=810\text{kg/m}^3$）测压计 h 的读数为何值？

（答案：（1）115.54kPa，17.47kPa；（2）1.78m，6.78m；（3）9.63kPa，1.21m）

2-5 杯式微压计如图 2-12 所示，上部盛油，$\gamma_{油}=9.0\text{kN/m}^3$，下部盛水，圆杯直径 $D=40\text{mm}$，圆管直径 $d=4\text{mm}$，初始平衡位置读数 $h=0$，当 $p_1-p_2=10\text{mmH}_2\text{O}$ 时，在圆管中读得的 h 可扩大为多少？（答案：$h=100\text{mm}$）

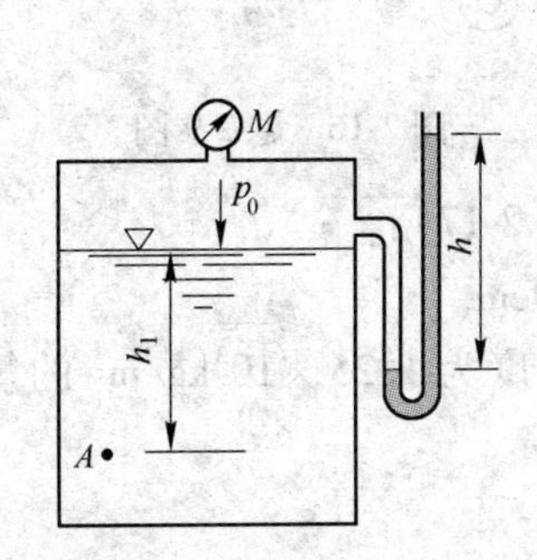

图 2-11 题 2-4 图

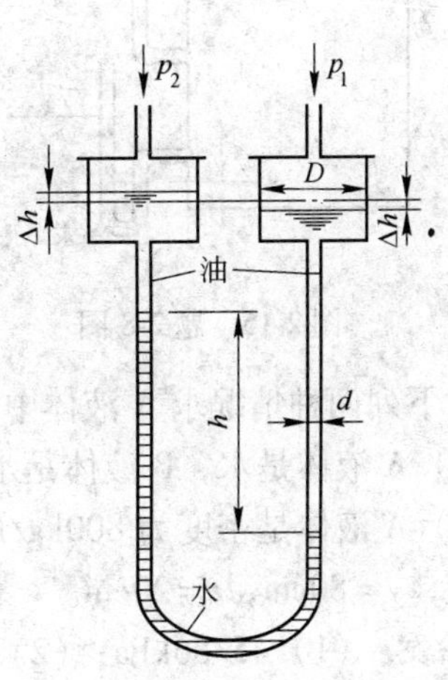

图 2-12 题 2-5 图

2-6 盛水容器的形状如图 2-13 所示，已知各水面高程为 ▽1 = 1.15m，▽2 = 0.68m，▽3 = 0.44m，▽4 = 0.83m，求 1、2、3、4 各点的相对压强。（答案：$p_1=-4606\text{Pa}$，$p_2=0\text{Pa}$，$p_3=p_4=2352\text{Pa}$）

2-7 如图 2-14 所示，已知倒 U 形测压管中的读数为 $h_1=2\text{m}$，$h_2=0.4\text{m}$，求封闭容器中 A 点的相对压强。（答案：-15.68kPa）

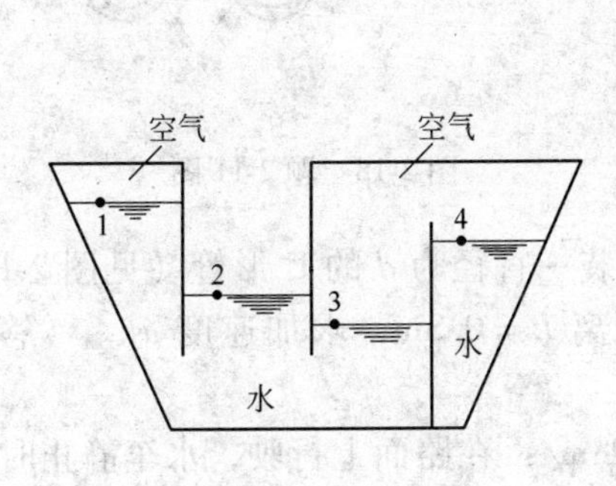

图 2-13 题 2-6 图

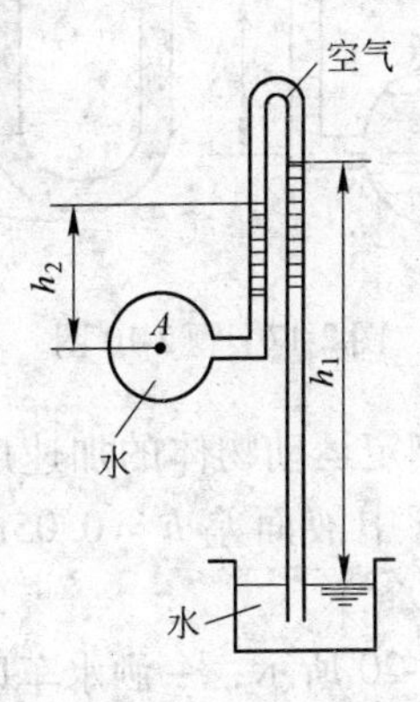

图 2-14 题 2-7 图

2-8　如图 2-15 所示的封闭水箱中液面高程 ∇_4 = 60cm，测压管中的液面高程 ∇_1 = 100cm，∇_2 = 20cm，求 ∇_3。（答案：13. 65cm）

2-9　如图 2-16 所示，封闭水箱中的水面高程开始时与筒 1 和管 3、管 4 中的水面高程相同，筒 1 与水箱用软管相连接，故可以自由升降。若提高筒 1，各液面的高程将怎样变化？说明其理由。（答案：1、2、3、4 液面均升高，1、4 液面等高，2、3 液面等高，且前者高于后者）

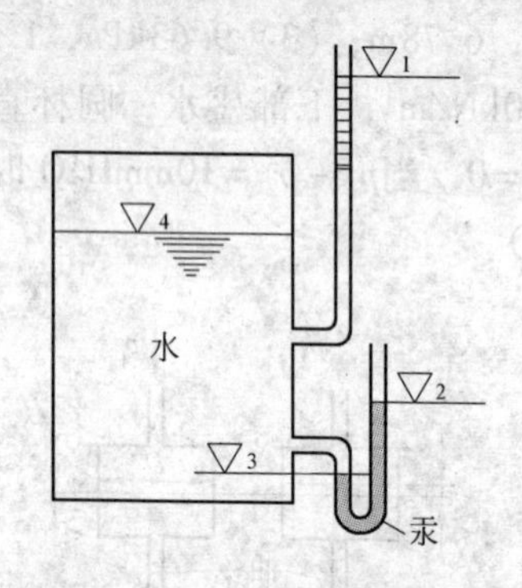

图 2-15　题 2-8 图

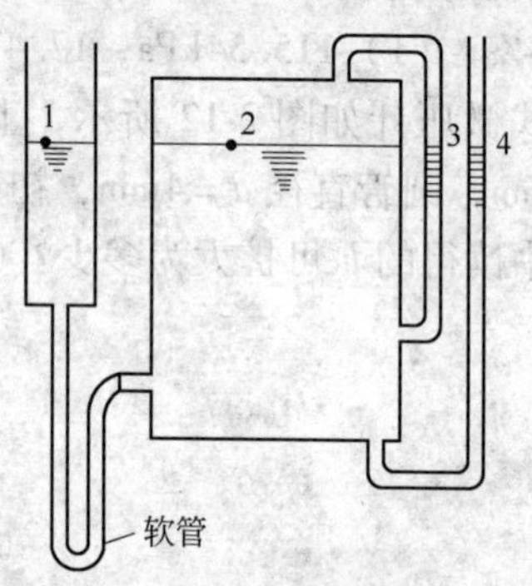

图 2-16　题 2-9 图

2-10　对下列两种情况求 A 液体中 M 点处的压强（见图 2-17）：

（1）A 液体是水，B 液体是水银，$y = 60$cm，$z = 30$cm。

（2）A 液体是密度为 800kg/m^3 的油，B 液体是密度为 1. 25 × 10^{3}kg/m^3 的氯化钙溶液，$y = 80$cm，$z = 20$cm。

（答案：（1）45. 86kPa；（2）8. 72kPa）

2-11　用复 U 形水银测压计测压，图 2-18 中标高的单位为 m，试求水面压强 p_0。（答案：264. 80kPa）

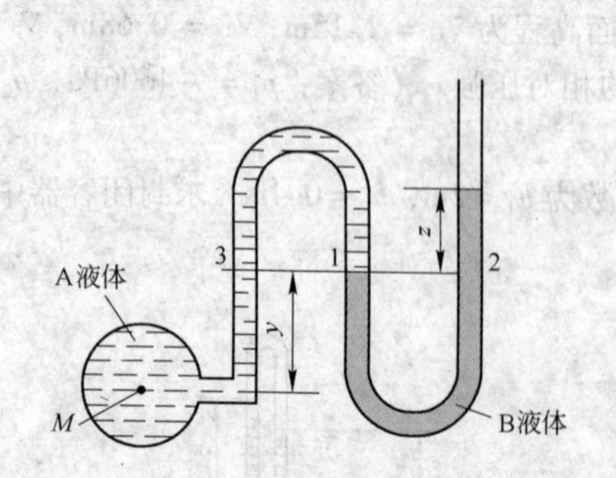

图 2-17　题 2-10 图

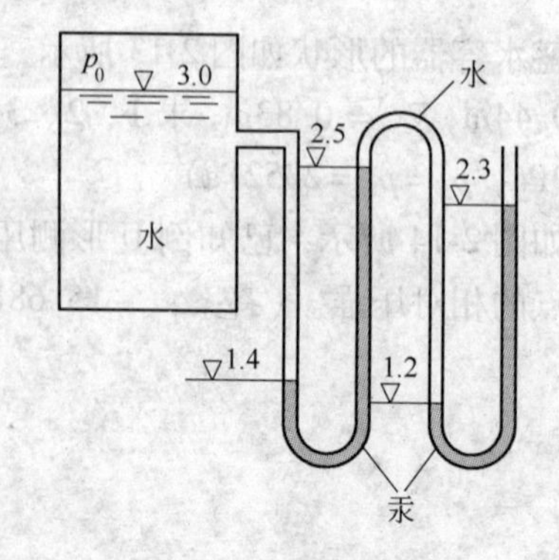

图 2-18　题 2-11 图

2-12　为了测定运动物体的加速度，在运动物体上装一直径为 d 的 U 形管（见图 2-19），测得管中液面差 h = 0. 05m，两管的水平距离 L = 0. 3m，求加速度 a。（答案：1. 63m/s^2）

2-13　如图 2-20 所示，一洒水车以等加速度 a = 0. 98m/s^2 在路面上行驶，水车静止时，B 点位置为 x_1 = 1. 5m，水深 h = 1m，求运动后该点的水静压强。（答案：1. 15mH$_2$O）

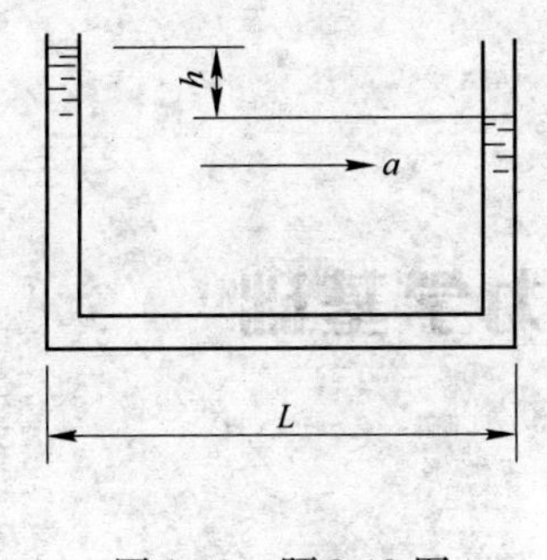

图 2-19　题 2-12 图

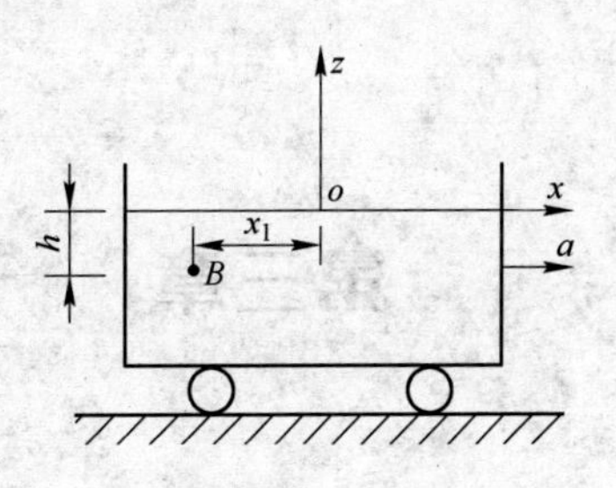

图 2-20　题 2-13 图

第三章　一元流体动力学基础

一、基本知识点

（一）基本概念

恒定流动、非恒定流动、均匀流、非均匀流、流线、迹线、流管、流束、元流、总流、过流断面。

（二）流速和流量

$$Q_V = \int_A \mathrm{d}Q_V = \int_A u\mathrm{d}A$$

$$Q_m = \rho Q_V = \int_A \rho u\mathrm{d}A$$

$$v = \frac{Q_V}{A} = \frac{\int_A u\mathrm{d}A}{A}$$

式中　Q_V——总流体积流量，m^3/s；

Q_m——总流质量流量，即单位时间流过断面的质量，kg/s；

v——断面平均速度，m/s。

（三）连续性方程

$$\rho_1 A_1 v_1 = \rho_2 A_2 v_2 = \mathrm{const}$$

若流体不可压缩，即 $\rho = \mathrm{const}$，则有：

$$A_1 v_1 = A_2 v_2 = \mathrm{const}$$

任意断面间流速和面积之间有以下关系：

$$v_1 : v_2 : \cdots : v = \frac{1}{A_1} : \frac{1}{A_2} : \cdots : \frac{1}{A}$$

圆管内流动：

$$\frac{v_2}{v_1} = \left(\frac{d_1}{d_2}\right)^2$$

分流（见图 3-1）：　$$Q_{V1} = Q_{V2} + Q_{V3}$$

$$v_1A_1 = v_2A_2 + v_3A_3$$

合流（见图 3-2）：

$$Q_{V1} + Q_{V2} = Q_{V3}$$

$$v_1A_1 + v_2A_2 = v_3A_3$$

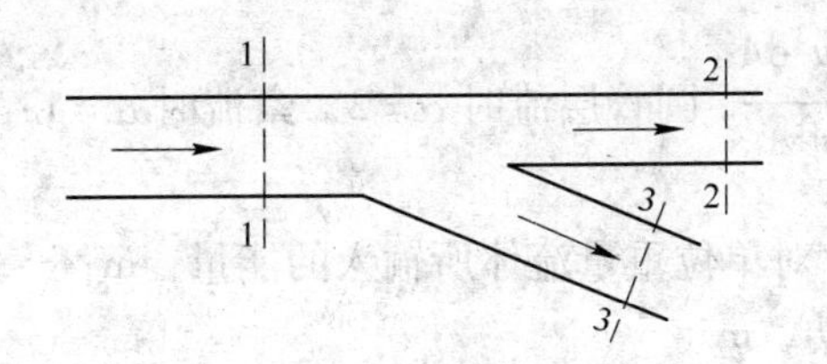

图 3-1　分流流动

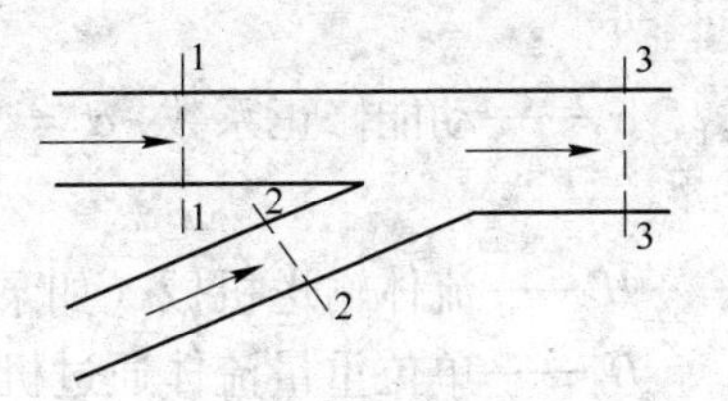

图 3-2　合流流动

（四）恒定元流能量方程

$$Z_1 + \frac{p_1}{\rho g} + \frac{u_1^2}{2g} = Z_2 + \frac{p_2}{\rho g} + \frac{u_2^2}{2g} + h'_{l1-2}$$

恒定元流能量方程中各项的几何意义和物理意义见表 3-1。

表 3-1　恒定元流能量方程中各项的几何意义和物理意义

意义 项目	几何意义（水力学意义）	物 理 意 义
Z	断面对于选定基准面的高度（位置水头）	受单位重力作用的流体所具有的位置势能（单位位能）
$\frac{p}{\rho g}$	断面压强作用使流体沿测压管所能上升的高度（压强水头）	压力做功所能提供给受重力作用流体的能量（单位压能）
$\frac{u^2}{2g}$	以断面流速 u 为初速度，垂直向上喷射所能达到的理论高度（流速水头）	受单位重力作用的流体的动能（单位动能）
h'_{l1-2}	水头损失	两断面间单位能量的衰减
$Z + p/\rho g$	测压管水面到基准面的高度（测压管水头）	单位重量流体具有的总势能
$Z + \frac{p}{\rho g} + \frac{u^2}{2g}$	总水头	受单位重力作用的流体具有的总能量

（五）过流断面的压强分布

（1）均匀流：同一断面，测压管水头相同；不同断面，测压管水头沿程下降。

（2）渐变流动：渐变接近均匀流，按均匀流处理。

（3）急变流：对于弯曲管段，沿惯性力的方向压强增加，流速减小，即弯头从内到外，测压管水头增加。

（六）恒定总流能力方程

$$\left(Z_1+\frac{p_1}{\rho g}+\frac{\alpha_1 v_1^2}{2g}\right)+H_i=\left(Z_2+\frac{p_2}{\rho g}+\frac{\alpha_2 v_2^2}{2g}\right)+H_0+h_{l1-2}$$

式中　v_1，v_2——选定断面上平均流速，m/s；

α_1，α_2——动能修正系数，$\alpha=\frac{\int u^3 \mathrm{d}A}{\int v^3 \mathrm{d}A}=\frac{\int u^3 \mathrm{d}A}{v^3 A}$，圆管层流时 $\alpha=2$，紊流时 $\alpha=1$；

H_i——流体输送机械（如泵或风机），对单位重量流体所输入的能量，m；

H_0——单位重量流体通过机械对外做功，m。

总流能量方程应用注意事项：

（1）当流体为液体时，方程中两断面压强既可以是绝对压强，也可以是相对压强，但两断面必须一致；而当流体为气体时，该方程中的压强应为绝对压强，如果用相对压强和绝对压强之间的表达式来替换绝对压强，则可得到该方程的另一表达式——恒定气体能量方程。

（2）流动为恒定流动。

（3）流体不可压缩，气体 $v<68\text{m/s}$。

（4）所选断面为均匀流段或渐变流段。

（5）分流、合流时，每个断面上的总能量均守恒。

分流：

$$Z_1+\frac{p_1}{\rho g}+\frac{\alpha_1 v_1^2}{2g}=Z_2+\frac{p_2}{\rho g}+\frac{\alpha_2 v_2^2}{2g}+h_{l1-2}$$

$$=Z_3+\frac{p_3}{\rho g}+\frac{\alpha_3 v_3^2}{2g}+h_{l1-3}$$

合流：

$$Z_1+\frac{p_1}{\rho g}+\frac{\alpha_1 v_1^2}{2g}=Z_3+\frac{p_3}{\rho g}+\frac{\alpha_3 v_3^2}{2g}+h_{l1-3}$$

$$Z_2+\frac{p_2}{\rho g}+\frac{\alpha_2 v_2^2}{2g}=Z_3+\frac{p_3}{\rho g}+\frac{\alpha_3 v_3^2}{2g}+h_{l2-3}$$

（6）同一断面上 $\frac{p}{\rho g}+Z=\text{const}$，$p$、$Z$ 必须取在同一点上。

（七）恒定气流能量方程

1. 恒定气流能量方程式

$$p_1+g(\rho'-\rho)(Z_2-Z_1)+\frac{\rho v_1^2}{2}=p_2+\frac{\rho v_2^2}{2}+p_{l1-2}$$

式中　p_1，p_2——气体相对压强，Pa；

ρ'——外界大气密度，kg/m³；

ρ——管内流动流体的密度，kg/m³；

v_1，v_2——1、2 断面的平均流速，m/s。

2. 恒定气流能量方程中各项的意义

恒定气流能量方程中各项的意义见表 3-2。

表 3-2 恒定气流能量方程中各项的意义

项目 \ 意义	压 头	物理意义
p	静压头	压 能
$g(\rho'-\rho)(Z_2-Z_1)$	位压头	位 能
$\rho v^2/2$	动压头	动 能
$p_s=p+g(\rho'-\rho)(Z_2-Z_1)$	势 压	势 能
$p_q=p+\rho v^2/2$	全 压	—
$p_z=p+g(\rho'-\rho)(Z_2-Z_1)+\rho v^2/2$	总 压	总能量

3. 位压的讨论

$$g(\rho'-\rho)(Z_2-Z_1)\text{ 产生的原因}\begin{cases}\text{位置变化}\\ \text{密度差异}\end{cases}$$

当气体密度大于空气密度时，$\rho'-\rho<0$，浮力向下；反之，$\rho'-\rho>0$，浮力向上。

沿着气体流动方向，如果末端高程大于始端，则 $Z_2-Z_1>0$，反之，$Z_2-Z_1<0$。

因此，$\begin{cases}\text{气流方向与作用力方向相同时位压为正，对气体流动起推动作用。}\\ \text{气流方向与作用力方向相反时位压为负，对气体流动起阻碍作用。}\end{cases}$

（八）总水头线和测压管水头线

总水头线和测压管水头线均为长度量纲，用几何图形形象地表示沿程能量的变化。水头线的绘制需要注意以下几点：

（1）位置水头是总流断面中心所在的平面距离基准面的高度。

（2）由于阻力损失的存在，总水头总是沿程下降的。与起点平行的一直线与总水头线之间的距离为阻力损失项。阻力损失包括沿程阻力损失和局部阻力损失。当管径不变时，沿程阻力损失与长度成正比。局部阻力损失则存在于局部障碍处。

（3）总水头线与测压管水头线之间的差值为速度水头 $\frac{\alpha v^2}{2g}$。

（4）测压管水头线低于位置水头线，说明压强水头为负值，此时为真空状态。

（九）总压线和势压线

与总水头线和测压管水头线类似，总压线和势压线是各断面总压头和势压头的连线。绘制总压线和势压线需注意：

（1）取出口断面为零压线（出口相对压强为0）。

（2）总压线：$p_{z1}=p_{z2}+p_{l1-2}$ 是沿程下降的。

（3）势压线：$p_z=p_s+\frac{\rho v^2}{2}\Longrightarrow p_s=p_z-\frac{\rho v^2}{2}$。

（4）总压线和势压线之间的距离为动压。若管径不变，则 v 不变，总压线和势压线之间的距离保持不变，即势压线平行于总压线。

（5）静压为正，势压线在位压线之上；静压为负，势压线在位压线之下，如风机的入口处。

（6）流动气体为空气（$\rho' = \rho$），位压为0，此时，势压线等于静压线。若流动气体为比空气轻的气体（$\rho' > \rho$），此时，位压为正，随高度的升高，位压下降，直至出口为零。势压线：出口为零，沿程下降。

二、难点

元流和总流的区别。

当过流断面无限小时，面积微元的流束为元流，无穷多个元流的整体称为总流，即总流是元流在总流过流断面上的积分。由于元流的过流断面为无限小，流动参数视为均匀；而总流过流断面为有限值，过流断面上各点的流动参数不均匀。因此，总流过流断面的流速往往用平均流速来代替。

恒定气流能量方程与恒定总流能量方程的区别。

当流体为气体时，恒定总流能量方程中压强应为绝对压强，如果用相对压强来表示，则需将绝对压强 p' 用 $p + p_a$ 来代替（p 为相对压强，p_a 为外界大气压强）。

由于外界大气密度与管内气体的密度相差不大，外界大气随高度变化所产生的压强不能忽略，因此，当两断面存在高程差时，两断面处的大气压强不相等。将两断面处的大气压强关系式和两断面的相对压强代入恒定总流能量方程，经简化则可得到恒定气流能量方程，该方程中的压强为相对压强。

总流能量方程中各种水头的取值点。

总流能量方程中测压管水头 $Z + \frac{p}{\rho g}$、位置水头 Z 和压强水头 $\frac{p}{\rho g}$，必须在过流断面上同一点取值。对于液体管流通常取在管轴或壁面上比较方便。对于气体，由于忽略位置势能，测压管水头即为压强水头，压强在断面上为常数。

三、习题详解

【习题3-1】 如图3-3所示，空气由炉口 a 流入，通过燃烧后，废气经 b、c、d 由烟囱流出。烟气 $\rho = 0.6\text{kg/m}^3$，空气 $\rho_a = 1.2\text{kg/m}^3$，由 a 到 c 的压强损失为 $9\frac{\rho v^2}{2}$，c 到 d 的损失为 $20\frac{\rho v^2}{2}$。求（1）出口流速 v；（2）c 处静压 p_c。

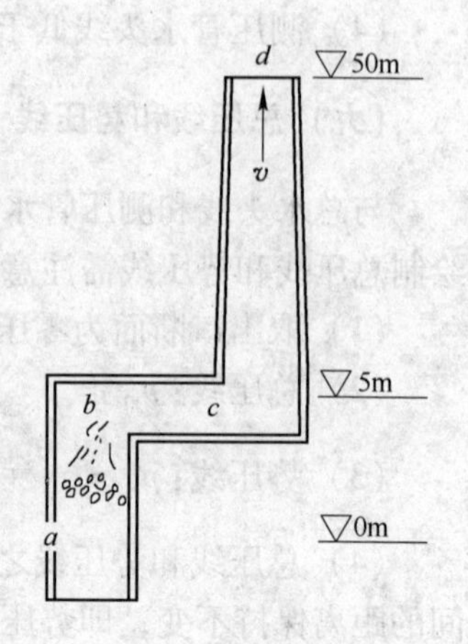

图3-3　习题3-1图

解：（1）以进口处为高程的零点，建立进口断面和出口断面的方程。

$$p_a + g(\rho_a - \rho)(Z_d - Z_a) + \frac{\rho_a v_a^2}{2} = p_d + \frac{\rho v^2}{2} + p_{la-d}$$

由于 $p_a = p_d = 0$，$v_a = 0$，因此有：

$$9.8\times(1.2-0.6)\times 50 = 0.6\times\frac{v^2}{2}+\left(9\times 0.6\times\frac{v^2}{2}+20\times 0.6\times\frac{v^2}{2}\right)$$

解得：
$$v = 5.72\text{m/s}$$

（2）计算 p_c，取 c 和出口断面建立方程。

$$\frac{\rho v_c^2}{2}+p_c+g(\rho-\rho_a)(Z_d-Z_c) = p_d+\frac{\rho v^2}{2}+p_{lc-d}$$

$$0.6\times\frac{v^2}{2}+p_c+(50-5)\times 0.6\times 9.8 = 0+20\times 0.6\times\frac{v^2}{2}+0.6\times\frac{v^2}{2}$$

解得：
$$p_c = -68.29\text{Pa}$$

【习题 3-3】 管路由不同直径的两管前后相连接所组成，如图 3-4 所示，小管直径 $d_A = 0.2$m，大管直径 $d_B = 0.4$m。水在管中流动时，A 点压强 $p_A = 70$kPa，B 点压强 $p_B = 40$kPa，B 点流速 $v_B = 1$m/s。试判断水在管中流动方向，并计算水流经两断面间的水头损失。

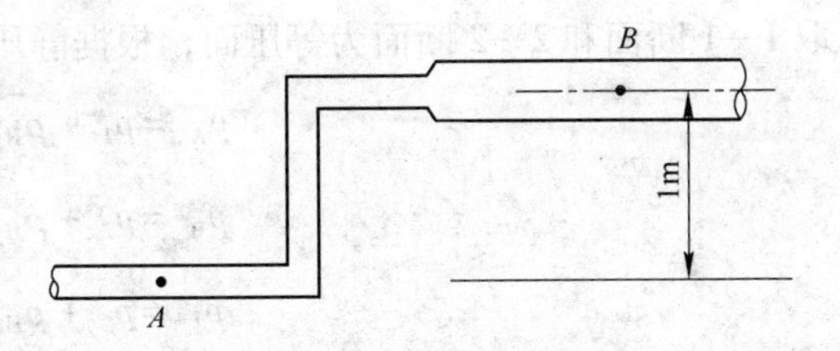

图 3-4　习题 3-3 图

解： 取 A 点所在水平面为基准面，分别计算 A、B 两点的总水头，比较两点之间的总水头，则可判断水在管中的流动方向。A 点的总水头为：

$$H_A = Z_A+\frac{p_A}{\rho g}+\frac{v_A^2}{2g}$$

因为
$$\frac{v_A}{v_B} = \left(\frac{d_B}{d_A}\right)^2$$

$$v_A = 4\text{m/s}$$

则
$$H_A = 0+\frac{70\times 10^3}{1000\times 9.8}+\frac{4^2}{2\times 9.8} = 7.95\text{m}$$

B 点的总水头为：

$$H_B = Z_B+\frac{p_B}{\rho g}+\frac{v_B^2}{2g} = 1+\frac{40\times 10^3}{1000\times 9.8}+\frac{1^2}{2\times 9.8} = 5.13\text{m}$$

由于 $H_A > H_B$，所以，水的流向为 $A\to B$。

水头损失：

$$h_{lA-B} = H_A - H_B = 7.95-5.13 = 2.82\text{m}$$

提示：该题也可以假设水流方向从 A 到 B，直接列 A、B 两断面的伯努利方程，若阻力损失为正，则假设成立；若为负，则水流方向为 B 到 A。

【习题 3-5】 用水银比压计测量管中水流，过流断面中点流速 u 如图 3-5 所示。测得 A 点的

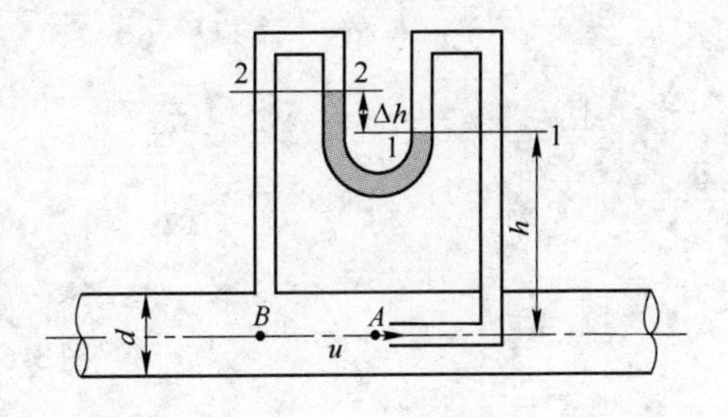

图 3-5　习题 3-5 图

压差计读数 $\Delta h = 60\text{mm}$。

（1）求该点的流速 u。

（2）若管中流体是密度为 0.8kg/cm³ 的油，Δh 仍不变，不计损失，该点流速是多大？

解：（1）取管道中心线即测压管入口处为基准面，根据毕托管的原理建立进口 A 和附近上游另一进口处 B 点之间的元流能量方程。由于不计损失，则方程为：

$$Z_A + \frac{p_A}{\rho g} + \frac{u_A^2}{2g} = Z_B + \frac{p_B}{\rho g} + \frac{u_B^2}{2g}$$

由于 $u_A = 0$、$u_B = u$、$Z_A = Z_B = 0$，有：

$$u = u_B = \sqrt{2 \times g \times \frac{p_A - p_B}{\rho g}} \tag{3-1}$$

取 1—1 断面和 2—2 断面为等压面，根据静压强分布公式：

$$p_A = p_1 + \rho_{H_2O} g h$$

$$p_B = p_2 + \rho_{H_2O} g (h + \Delta h)$$

$$p_1 = p_2 + \rho_{Hg} g \Delta h$$

联立上述三式，可得：

$$p_A - p_B = (\rho_{Hg} - \rho_{H_2O}) g \Delta h$$

代入式（3-1）得：

$$u = \sqrt{2g\left(\frac{\rho_{Hg}}{\rho_{H_2O}} - 1\right)\Delta h} = \sqrt{2 \times 9.8 \times \left(\frac{13600}{1000} - 1\right) \times 0.06} = 3.85\text{m/s}$$

（2）当流动介质为油时，只需将 ρ_{H_2O} 换成 $\rho_{油}$ 即可求解得 $u = 4.34\text{m/s}$。

【习题 3-6】 如图 3-6 所示，水由喷嘴流出，管嘴出口 $d = 75\text{mm}$，不考虑损失，计算 H 值（以 m 计）、p 值（以 kPa 计）。

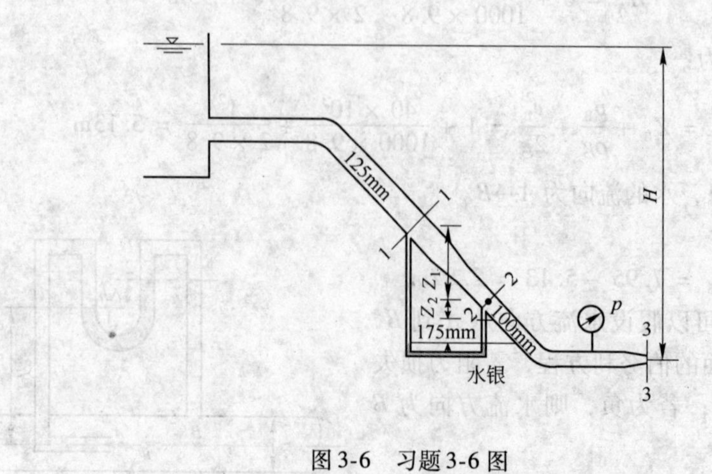

图 3-6 习题 3-6 图

解：列 1、2 两断面的能量方程，以出口断面为基准面：

$$Z'_1 + \frac{p_1}{\rho g} + \frac{v_1^2}{2g} = Z'_2 + \frac{p_2}{\rho g} + \frac{v_2^2}{2g}$$

根据连续性方程可得：

$$\frac{v_1}{v_2} = \left(\frac{d_2}{d_1}\right)^2 = \left(\frac{100}{125}\right)^2 = \frac{16}{25}$$

根据静压力分布方程可得：

$$p_1 + \rho g(Z_1 + Z_2 + 0.175) = p_2 + \rho g Z_2 + 0.175\rho_{\mathrm{Hg}} g$$

$$\frac{p_1 - p_2}{\rho g} = \frac{0.175\rho_{\mathrm{Hg}}}{\rho} - (Z_1 + 0.175)$$

又因为 $Z'_1 - Z'_2 = Z_1$，将上述条件代入能量方程得：

$$\frac{v_2^2 - v_1^2}{2g} = \frac{0.175\rho_{\mathrm{Hg}}}{\rho} - 0.175$$

$$v_1 = 5.48\mathrm{m/s}$$

$$v_3 = \left(\frac{d_1}{d_3}\right)^2 v_1 = \left(\frac{125}{75}\right)^2 \times 5.48 = 15.22\mathrm{m/s}$$

为了求液面高度 H，列出口断面 3 和容器内液面之间的能量方程得：

$$H = \frac{v_3^2}{2g} = \frac{15.22^2}{2 \times 9.8} = 11.82\mathrm{m}$$

$$p = \rho g H = 1000 \times 9.8 \times 11.82 = 115.86\mathrm{kPa}$$

【习题 3-7】 如图 3-7 所示，一压缩空气罐与文丘里式引射管连接，d_1、d_2，h 均为已知，问气罐压强 p_0 多大方能将 B 池水抽出。

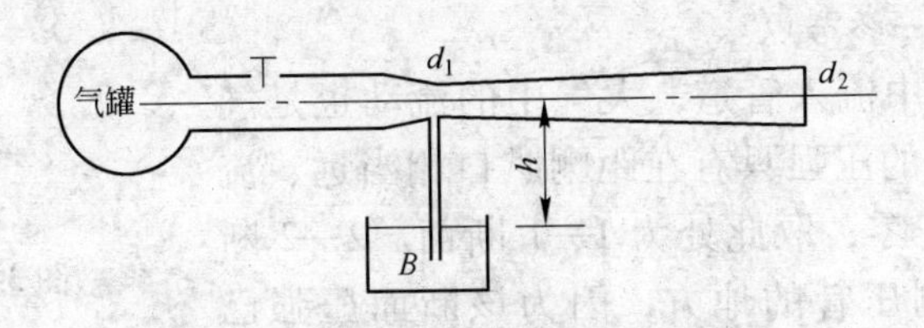

图 3-7 习题 3-7 图

解：由静压强分布公式知，B 池中水被抽出的必要条件是：

$$|p_1| \leqslant \rho' g h$$

在气罐内任取一断面和引射管喉部断面 1 建立能量方程：

$$p_0 = p_1 + \frac{\rho v_1^2}{2} \tag{3-2}$$

在断面 1 和出口断面 2 之间建立能量方程有：

$$p_1 + \frac{\rho v_1^2}{2} = p_2 + \frac{\rho v_2^2}{2} \tag{3-3}$$

取极限条件 $p_1 = \rho' gh$ 进行计算。

根据连续性方程有：

$$v_2 = \left(\frac{d_1}{d_2}\right)^2 v_1$$

则有：

$$-\rho' gh + \frac{\rho v_1^2}{2} = 0 + \frac{\rho}{2}\left(\frac{d_1}{d_2}\right)^4 v_1^2$$

$$\frac{\rho v_1^2}{2} = \frac{\rho' gh}{1 - \left(\frac{d_1}{d_2}\right)^4}$$

代入式（3-2）和式（3-3）可得：

$$p_0 = \frac{\rho' gh}{\left(\frac{d_1}{d_2}\right)^4 - 1}$$

由此可见，当 $|p_1| \leqslant \rho' gh$ 时，p_0 应满足条件：

$$p_0 \geqslant \frac{\rho' gh}{\left(\frac{d_1}{d_2}\right)^4 - 1}$$

【习题 3-10】 集流器通过离心式风机从大气中吸取空气，在 $d = 200\text{mm}$ 的流通管壁上接单管测压计到水槽内，如图 3-8 所示。若水面上升高度为 $h = 250\text{mm}$，试求集流器中的空气流量 Q，空气密度为 $\rho = 1.29\text{kg/m}^3$。

提示：取无穷远处为一参考点。

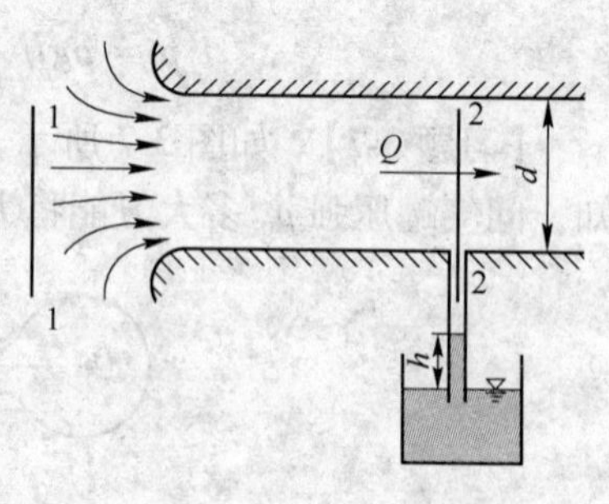

图 3-8　习题 3-10 图

解： 气体由大气中流入管道，大气中的流动也是气流的一个部分，但它的压强只有在距喇叭口相当远、流速接近零处，才等于零，取此处为 1—1 断面。2—2 断面应该选取在接有测压管的地方，因为该断面压强已知，且是与大气压有联系的断面。取 1—1、2—2 断面列出能量方程：

$$Z_1 + \frac{p_1}{\rho g} + \frac{\alpha_1 v_1^2}{2g} = Z_2 + \frac{p_2}{\rho g} + \frac{\alpha_2 v_2^2}{2g}$$

$$0 + 0 = 1.29 \times \frac{v^2}{2} - 0.25 \times 9.8 \times 1000$$

$$v = 61.63\text{m/s}$$

$$Q = vA = v\frac{\pi d^2}{4} = 61.63 \times \frac{3.14 \times 0.2^2}{4} = 1.94\text{m}^3\text{/s}$$

四、练习题

3-1　如图 3-9 所示，直径为 d 的柱塞以速度 $v=50\text{mm/s}$ 挤入一个同轴油缸（直径为 D），如果 $d=0.9D$，试求环形间隙处油液的出流速度 u。（答案：213. 16mm/s）

3-2　一车间要求将 20℃ 水以 32kg/s 的流量送入某设备中，若选取平均流速为 1. 1m/s，试计算所需管子的尺寸。若在原水管上再接一根 $\phi159\text{mm}\times4.5\text{mm}$ 的支管，如图 3-10 所示，以便将水流量的一半送至另一车间，求当总水流量不变时，此支管内水流速度。（答案：$\phi219\text{mm}\times6\text{mm}$；$v=0.9\text{m/s}$）

图 3-9　题 3-1 图　　图 3-10　题 3-2 图

3-3　一楼房的煤气立管如图 3-11 所示，分层供气量 $Q_B=Q_C=0.02\text{m}^3/\text{s}$，管径均为 50mm，煤气密度 $\rho=0.6\text{kg/m}^3$，室外空气密度 $\rho_a=1.2\text{kg/m}^3$，AB 段的压力损失为 $\dfrac{3\rho v_{AB}^2}{2}$，$BC$ 段的压力损失为 $\dfrac{4\rho v_{BC}^2}{2}$，要求 C 点的余压 $p_C=300\text{Pa}$，求 A 点应提供的压强值。（答案：352Pa）

3-4　如图 3-12 所示，水从密闭容器中恒定流出，经一变截面管而流入大气中，已知 $H=7\text{m}$，$p_0=29.4\text{kPa}$，$A_1=A_3=50\text{cm}^2$，$A_2=100\text{cm}^2$，$A_4=25\text{cm}^2$。若不计流动损失，试求：

（1）各截面上的流速，流经管路的体积流量；

（2）各截面上的总水头。

（答案：$v_1=v_3=7\text{m/s}$；$v_2=3.5\text{m/s}$；$v_4=14\text{m/s}$；$Q=0.035\text{m}^3/\text{s}$；总水头为 10m）

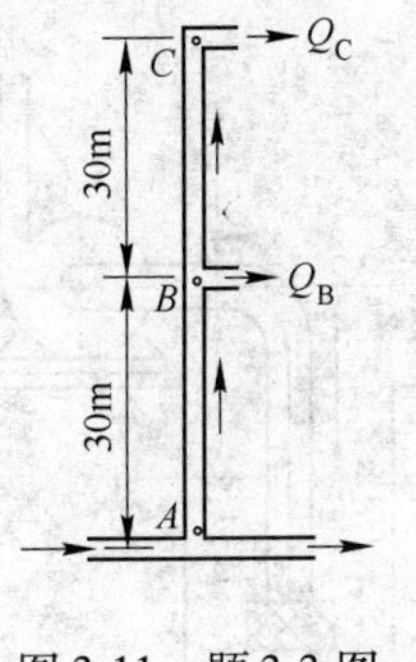

图 3-11　题 3-3 图

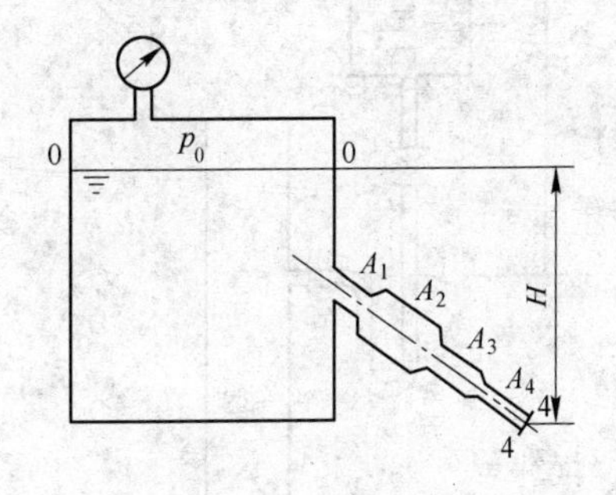

图 3-12　题 3-4 图

3-5　今想利用水箱 A 中水的流动来吸出水槽 B 中的水。水箱及管道各部分的截面面积及速度如图3-13所示。试求：

（1）使最小截面处压强低于大气压的条件。

（2）从水槽 B 中把水吸出的条件。（在此假设：$A_e \ll A_0$，$A_a \ll A_0$，与水箱 A 中流出的流量相比，从 B 中吸出的流量为小量。）

$\left(答案：(1)\ \dfrac{A_a}{A_e} > \sqrt{\dfrac{h_e}{h}}；(2)\ \dfrac{A_a}{A_e} > \sqrt{\dfrac{h_e + h_s}{h}}\right)$

3-6　文丘里管是一段先收缩后扩张的变截面直管道，如图3-14所示。管截面面积变化引起流速改变，从而导致压强改变。通过测量不同截面上的压强差，利用沿总流的伯努利方程计算管内流量，是用于定常流动的常用流量计。按图中所示条件，求管内流量 Q。$\left(答案:Q = A_1 \sqrt{\dfrac{(\rho_m/\rho) - 1}{(A_1/A_2)^2 - 1} 2g\Delta h}\right)$

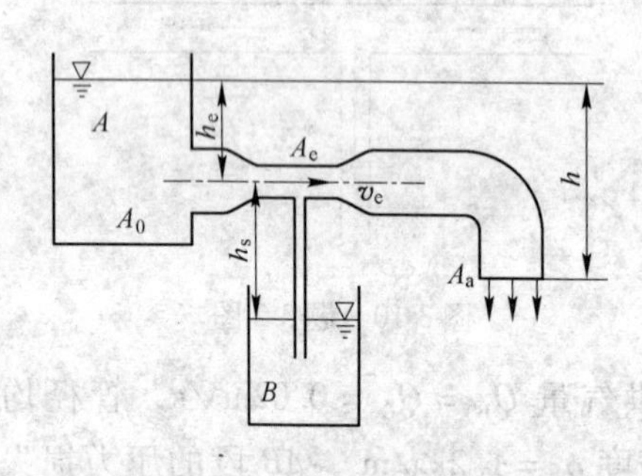

图3-13　题3-5图

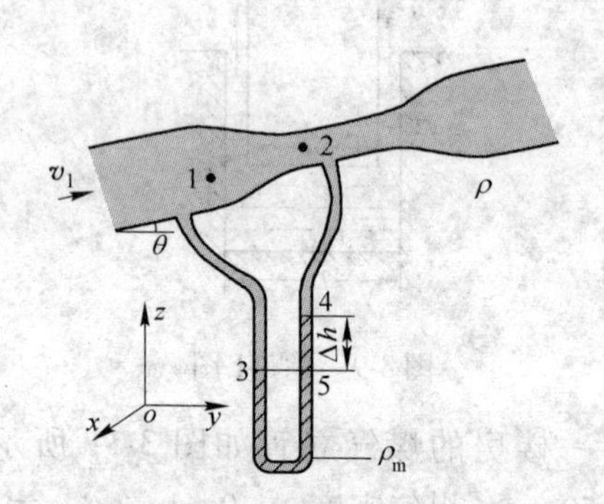

图3-14　题3-6图

3-7　如图3-15所示，料液由高位水槽向塔内加料，高位槽和塔内的压力均为大气压，要求料液在管内以0.5m/s的速度流动。设料液在管内压头损失为1.2m（不包括出口压头损失），试求高位槽的液面应该比塔入口处高出多少米？（答案：1.21m）

3-8　如图3-16所示，离心式水泵借一内径 $d = 150\text{mm}$ 的吸水管以 $Q = 60\text{m}^3/\text{h}$ 的流量从一大敞口水槽中吸水，并将水送入压力水箱。设装在水泵吸水管接头上的真空计指示负压值为300mmHg，水力损失不计，试求水泵的吸水高度 h_s。（答案：4.04m）

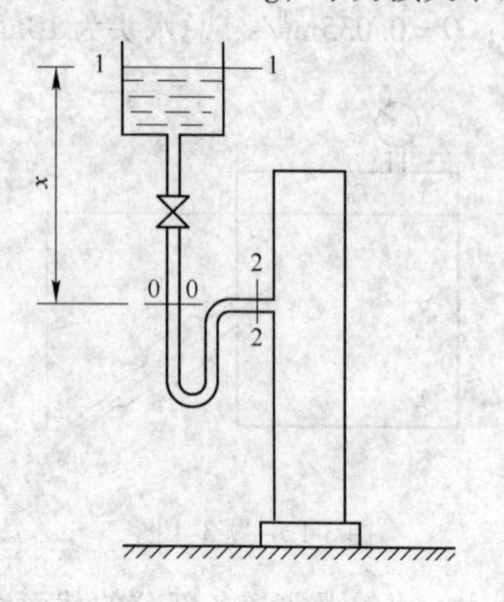

图3-15　题3-7图

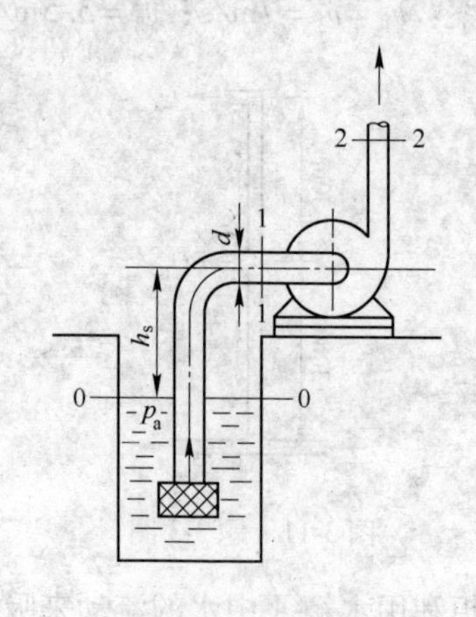

图3-16　题3-8图

3-9　忽略损失，求图 3-17 所示文丘里管内的流量。已知 $d_1=30\text{cm}$，$d_2=15\text{cm}$，$H=20\text{cm}$。（答案：$0.036\text{m}^3/\text{s}$）

3-10　用图 3-18 所示的毕托管和倾斜微压计测量气流速度。倾斜微压计的工作液体为酒精，其密度是 $\rho'=800\text{kg/m}^3$，斜管倾角 $\theta=30°$，已知气体密度为 $\rho=1.2\text{kg/m}^3$，斜管液面变化的读数 $l=12\text{cm}$，试求气流速度 v。（答案：28m/s）

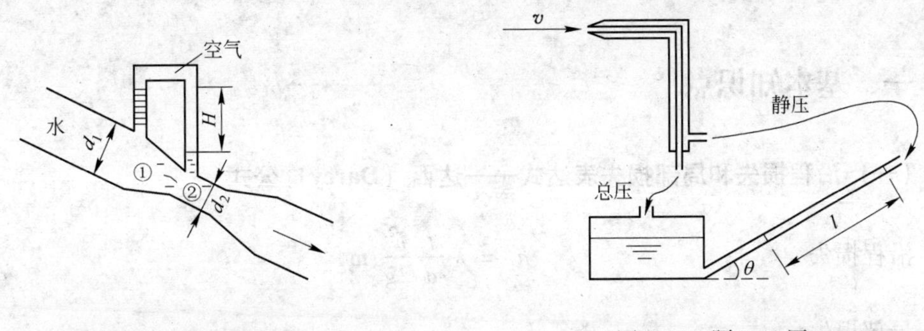

图 3-17　题 3-9 图　　　　图 3-18　题 3-10 图

3-11　用图 3-19 所示的文丘里流量计测量竖直水管中的流量，已知 $d_1=0.3\text{m}$，$d_2=0.15\text{m}$，水银压差计中左右水银面的高差为 $\Delta h=0.02\text{m}$，试求水流量 Q。（答案：$0.039\text{m}^3/\text{s}$）

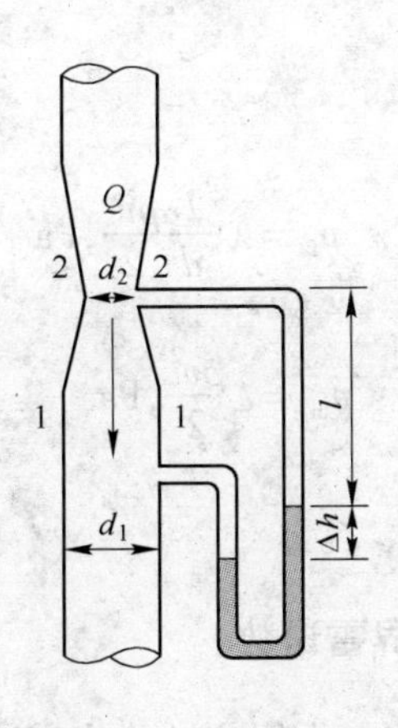

图 3-19　题 3-11 图

第四章　流动阻力及能量损失

一、基本知识点

（一）沿程损失和局部损失表达式——达西（Darcy）公式

沿程损失
$$h_f = \lambda \frac{l}{d}\frac{v^2}{2g}, \text{m}$$

局部损失
$$h_m = \zeta \frac{v^2}{2g}, \text{m}$$

式中　λ——沿程阻力系数；
l——管段长度，m；
d——管段直径，m；
v——断面平均流速，m/s；
ζ——局部阻力系数。

用压强表示：
$$p_f = \lambda \frac{l}{d}\frac{\rho v^2}{2}, \text{Pa}$$

$$p_m = \zeta \frac{\rho v^2}{2}, \text{Pa}$$

求阻力损失的核心问题是求 λ、ζ。

（二）流态的判定准则——临界雷诺数

（1）$v_k < v'_k$　$\begin{cases} v'_k\text{：上临界流速，由层流转化为紊流的临界速度。} \\ v_k\text{：下临界流速，由紊流转化为层流的临界速度。} \end{cases}$

一般所指的临界速度为下临界速度。下临界速度所对应的雷诺数为临界雷诺数。

（2）雷诺数：

$$Re = \frac{vd\rho}{\mu} = \frac{vd}{\nu}$$

式中　μ——动力黏度，$\text{N} \cdot \text{s/m}^2$；
ρ——流体密度，kg/m^3；
ν——运动黏度，$\text{m}^2\text{/s}$。

雷诺数反映了惯性力和黏滞力的对比关系。

层流：$Re \leqslant 2000$

紊流：$Re > 2000$

燃气输配工程：$\begin{cases} Re \leqslant 2100, \text{层流} \\ 2100 < Re \leqslant 3500, \text{过渡区} \\ Re > 3500, \text{紊流} \end{cases}$

通风工程：$\begin{cases} Re \leqslant 2000, \text{层流} \\ 2000 < Re \leqslant 4000, \text{过渡区} \\ Re > 4000, \text{紊流} \end{cases}$

（三）圆管中的层流运动

（1）圆管中层流：$\lambda = \dfrac{64}{Re}$

（2）层流：$h_f = \dfrac{32\mu vl}{\rho g d^2}$；$\lambda = f(v)$

（3）平均流速：$v = \dfrac{1}{2}u_{max}$

（4）过流断面的速度分布：$u = \dfrac{\rho g J}{4\mu}(r_0^2 - r^2)$

（5）切应力与管道半径成正比，按线性规律分布：

$$\frac{\tau}{\tau_0} = \frac{r}{r_0}$$

（6）水力坡度：$J = \dfrac{h_f}{l}$

（7）均匀流动方程式：$\tau_0 = \dfrac{\rho g r_0 J}{2}$

$$\frac{h_f}{l} = \frac{2\tau_0}{\rho g r_0}$$

式中 τ_0——管壁处切应力；

r_0——圆管半径；

$\dfrac{h_f}{l}$——单位长度的沿程损失，称水力坡度，以 J 表示。

（8）圆管流动，动能修正系数：

$$\alpha = \frac{\int u^3 dA}{\int v^3 dA} = \frac{\int u^3 dA}{v^3 A} = \frac{\int \left(\frac{\rho g J}{4\mu}\right)^3 (r_0^2 - r^2)^3 \cdot 2\pi r dr}{\left(\frac{\rho g J}{8\mu} r_0^2\right)^3 \cdot \pi \cdot r_0^2} = 2$$

紊流时 $\alpha = 1$。

（四）紊流流动的特征与紊流阻力

（1）当量粗糙高度：与工业管道粗糙区 λ 值相等的同径尼古拉兹管的粗糙高度。

（2）沿程阻力的五个分区及沿程阻力系数 λ 变化规律见表4-1。

表4-1　不同区沿程阻力影响因素

序　号	分 区 名 称	λ 的影响因素	分区判断标准
Ⅰ	层流区	$\lambda = f_1(Re)$	$Re \leqslant 2000$
Ⅱ	过渡区	$\lambda = f_2(Re)$	$2000 < Re \leqslant 4000$
Ⅲ	紊流光滑区	$\lambda = f_3(Re)$	$4000 < Re \leqslant 0.32\left(\frac{d}{K}\right)^{1.28}$
Ⅳ	紊流过渡区	$\lambda = f_4(Re, K/d)$	$0.32\left(\frac{d}{K}\right)^{1.28} < Re \leqslant 1000\left(\frac{d}{K}\right)$
Ⅴ	紊流粗糙区（阻力平方区）	$\lambda = f_5(K/d)$	$Re > 1000\left(\frac{d}{K}\right)$

（3）紊流区沿程阻力系数计算公式。

1）尼古拉兹紊流光滑区、粗糙区半经验公式。

紊流光滑区：

$$\frac{1}{\sqrt{\lambda}} = 2\lg(Re\sqrt{\lambda}) - 0.8$$

或

$$\frac{1}{\sqrt{\lambda}} = 2\lg\left(\frac{Re\sqrt{\lambda}}{2.51}\right)$$

紊流粗糙区：

$$\frac{1}{\sqrt{\lambda}} = 2\lg\left(\frac{d}{K}\right) + 1.74$$

或

$$\frac{1}{\sqrt{\lambda}} = 2\lg\left(\frac{3.7d}{K}\right)$$

2）紊流光滑区和紊流粗糙区纯经验公式。

布拉修斯公式：　$$\lambda = \frac{0.3164}{Re^{0.25}}\text{（光滑区 } Re < 10^5\text{）}$$

希弗林松公式：　$$\lambda = 0.11\left(\frac{K}{d}\right)^{0.25}\text{（粗糙区）}$$

3）综合公式。

① 柯列勃洛克公式（工业管道的公式）：

$$\frac{1}{\sqrt{\lambda}} = -2\lg\left(\frac{K}{3.7d} + \frac{2.51}{Re\sqrt{\lambda}}\right)$$

当 Re 很小时，公式接近尼古拉兹光滑区公式。

当 Re 很大时，公式接近尼古拉兹粗糙区公式。

② 莫迪图：根据柯氏公式绘制莫迪图（Re，K/d，λ），根据 Re、K/d 可查出 λ。

③ 莫迪公式：

$$\lambda = 0.0055\left[1 + \left(20000\frac{K}{d} + \frac{10^6}{Re}\right)^{\frac{1}{3}}\right]$$

$Re=4000\sim10^7$、$K/d\leqslant0.01$、$\lambda<0.05$ 时，与柯氏公式比较，误差不超过5%。

④ 阿里特苏里公式：

$$\lambda = 0.11\left(\frac{K}{d}+\frac{68}{Re}\right)^{0.25}$$

当 Re 很小时，括号内第一项可以忽略，公式为布拉修斯公式。

当 Re 很大时，括号内第二项可以忽略，公式为希弗林松粗糙区公式。

(五) 非圆管的沿程损失

(1) 水力半径 R。

$$R = \frac{A}{\chi}$$

式中 A——断面面积；

χ——湿周，过流断面流体与壁面接触的周界。

(2) 当量直径 d_e。

$$d_e = 4R$$

圆管的水力半径 $R=\frac{d}{4}$，当量直径为 $d_e=d$；边长为 a、b 的矩形断面 $R=\frac{ab}{2(a+b)}$，当量直径 $d_e=\frac{2ab}{a+b}$；边长为 a 的正方形断面 $R=\frac{a}{4}$，$d_e=a$。

(六) 典型局部损失计算公式

(1) 突然扩大（见图4-1）。

$$h_m = \left(1-\frac{A_1}{A_2}\right)^2\frac{v_1^2}{2g} = \zeta_1\frac{v_1^2}{2g}$$

$$h_m = \left(\frac{A_2}{A_1}-1\right)^2\frac{v_2^2}{2g} = \zeta_2\frac{v_2^2}{2g}$$

(2) 逐渐扩大（见图4-2）。

$$h_m = h_f + h_{ea} = \left[\frac{\lambda}{8\sin\frac{\alpha}{2}}\left(1-\frac{1}{n^2}\right)+k\left(1-\frac{1}{n}\right)^2\right]\frac{v_1^2}{2g}$$

↓ 沿程损失　↓ 扩大损失

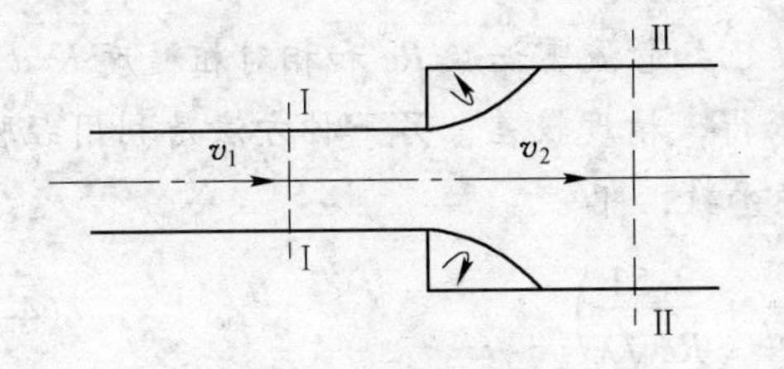

图4-1　突然扩大

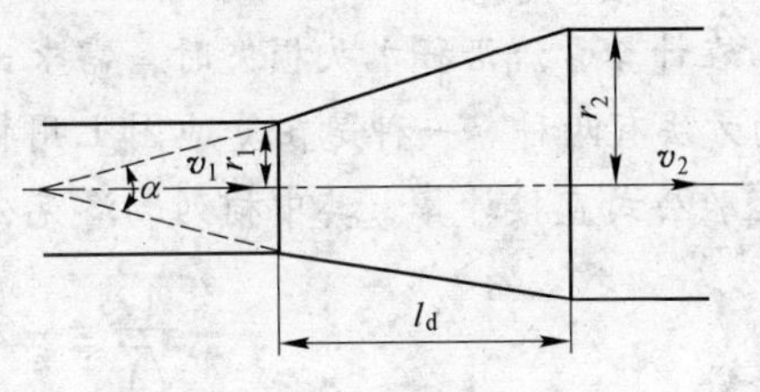

图4-2　逐渐扩大

扩大面积比
$$n = \frac{A_2}{A_1} - \frac{r_2^2}{r_1^2}$$

与扩散角有关的系数
$$k = \sin\alpha(\alpha \leqslant 20°)$$

（3）突然收缩（见图4-3）。

$$h_m = 0.5\left(1 - \frac{A_2}{A_1}\right)^2 \frac{v_2^2}{2g}$$

（4）逐渐收缩（见图4-4）。根据面积比 $n = \frac{A_2}{A_1}$ 和收缩角 α 确定逐渐收缩管道的局部阻力系数。其阻力系数可由图4-5查得。对应的流速水头为 $\frac{v_2^2}{2g}$。

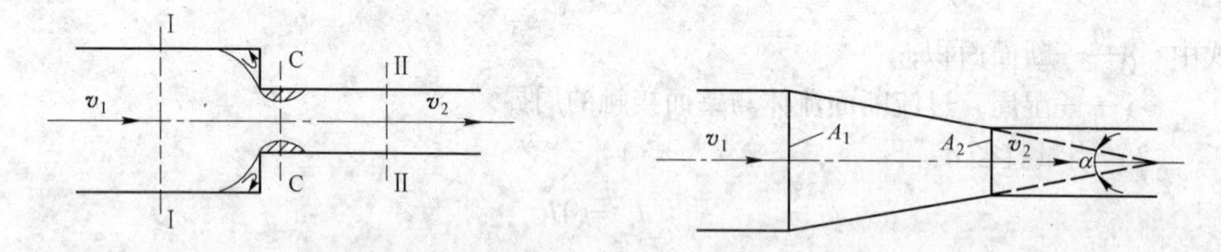

图4-3　突然收缩　　　　图4-4　逐渐收缩

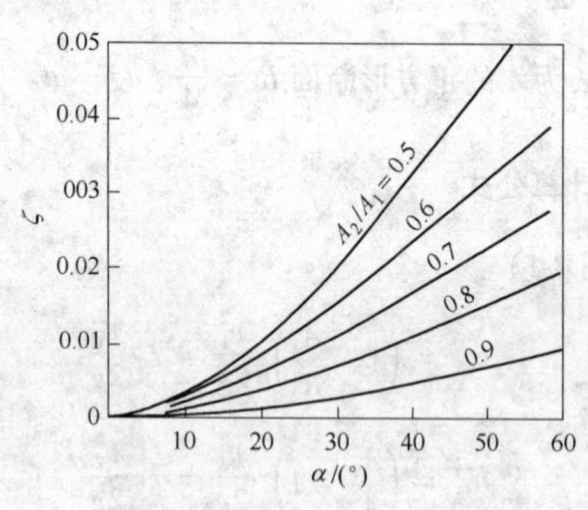

图4-5　圆锥形渐缩管的阻力系数

二、难点

柯列勃洛克公式的求解。

在计算管流沿程水头损失时，需求出 λ 值。已知管流雷诺数 Re 和相对粗糙度 K/d 求 λ 的方法有两种。一种是在莫迪图上用插值法求得，精度较差；另一种方法是利用经验、半经验公式直接计算。其中柯列勃洛克公式是隐函数，即

$$\frac{1}{\sqrt{\lambda}} = -2\lg\left(\frac{K}{3.7d} + \frac{2.51}{Re\sqrt{\lambda}}\right) \tag{4-1}$$

令

$$x = \frac{1}{\sqrt{\lambda}},\quad a = \frac{K}{3.7d},\quad b = \frac{2.51}{Re}$$

则式（4-1）可以写成：

$$f(x) = x + 2\lg(a + bx) = 0$$

超越方程 $f(x)=0$ 的解可用牛顿迭代法求出：

$$x = x_0 - \frac{f(x_0)}{f'(x_0)}$$

$$f'(x_0) = 1 + \frac{2}{\ln 10} \cdot \frac{b}{a + bx}$$

工业管道的沿程损失系数的值约为 $\lambda = 0.02 \sim 0.03$，计算时可选取 $\lambda = 0.03$ 作为初值。

注：牛顿迭代法

图4-6表示一条曲线 $y=f(x)$，现求该曲线与 x 轴的交点，即 $f(x)=0$ 的解。设 (x_0, y_0) 是曲线上的一个点，$y_0 = f(x_0)$，如果 $|y_0|$ 比较小，则 x_0 可视为方程 $f(x)=0$ 的一个近似解。为了求出精度较高的解，可以过点 (x_0, y_0) 作曲线的切线，显然，该切线的斜率是 $f'(x_0)$，设这条切线与 x 轴交于点（x，0），则

$$\frac{y_0}{x_0 - x} = y' \quad 或 \quad x = x_0 - \frac{f(x_0)}{f'(x_0)}$$

显然，x 是方程 $f(x)$ 的一个比 x_0 更精确的解。重复以上计算就得到精确度很高的解。

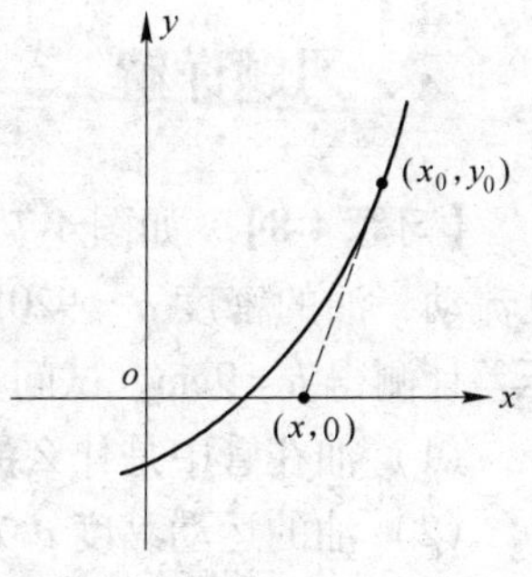

图4-6　牛顿迭代法示意图

工业上计算阻力的常用公式。

（1）海澄-威廉公式（适用于建筑给排水）。

$$J = 105 C_h^{-1.85} d^{-4.87} Q^{1.85}$$

式中　C_h——海澄-威廉系数，塑料管、内衬塑料：$C_h = 140$，钢管、不锈钢管：$C_h = 130$，衬水泥、树脂的铸铁管：$C_h = 130$，普通钢管、铸铁管：$C_h = 100$。

（2）谢才（Chezy）公式和谢才系数。谢才公式是将达西公式进行变换得来的。

$$v = C\sqrt{RJ}$$

$$C = \sqrt{\frac{8g}{\lambda}}$$

$$J = \left(\frac{v}{C}\right)^2 \frac{1}{R}$$

式中　C——谢才系数；

R——水力半径。

谢才公式适用于所有的五个阻力分区，曼宁公式（经验公式）计算谢才系数 C 时，仅适用于紊流粗糙区。

曼宁（Manning）公式：

$$C = \frac{1}{n}R^{1/6}$$

式中 n——壁面粗糙系数，综合反映壁面对水流阻滞作用的系数，具体数值见表4-2。

表4-2 常用管道的粗糙系数

管道类别	n	管道类别	n
陶土管	0.013	浆砌砖渠道	0.015
混凝土管和钢筋混凝土管	0.013～0.014	浆砌块石渠道	0.017
石棉水泥管	0.012	干砌块石渠道	0.02～0.025
铸铁管	0.013	土明渠（包括带草皮）	0.025～0.03
钢管	0.012	木槽	0.012～0.014
水泥砂浆抹面渠道	0.013～0.014		

三、习题详解

【习题4-8】 如图4-7所示，油在管中以 $v=1\text{m/s}$ 的速度流动，油的密度 $\rho=920\text{kg/m}^3$，$l=3\text{m}$，$d=25\text{mm}$，水银压差计测得 $h=9\text{cm}$，试问：

（1）油在管中是什么流态？

（2）油的运动黏度 ν 为多少？

（3）若保持相同的平均流速反向流动，压差计的读数有何变化？

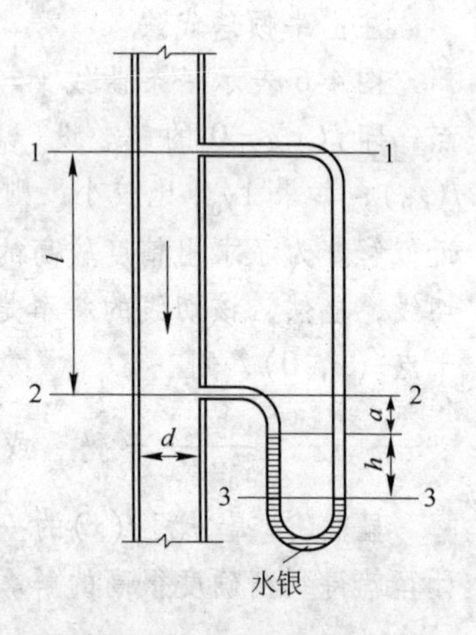

图4-7 习题4-8图

解：在断面1—2间列能量方程：

$$Z_1 + \frac{p_1}{\rho g} + \frac{v_1^2}{2g} = Z_2 + \frac{p_2}{\rho g} + \frac{v_2^2}{2g} + h_{f1-2}$$

因为管径相同，所以 $v_1 = v_2$。解得：

$$h_{f1-2} = (Z_1 - Z_2) + \frac{p_1 - p_2}{\rho g} = l + \frac{p_1 - p_2}{\rho g} \tag{4-2}$$

由静力学知识可知，3—3断面为等压面，列方程：

$$p_3 = p_2 + \rho g a + \rho' g h$$

$$p_3 = p_1 + \rho g(l + a + h)$$

解得：

$$\frac{p_1 - p_2}{\rho g} = \left(\frac{\rho'}{\rho} - 1\right)h - l \tag{4-3}$$

将式（4-3）代入式（4-2）得：

$$h_{f1-2} = \left(\frac{\rho'}{\rho} - 1\right)h = \left(\frac{13600}{920} - 1\right) \times 0.09 = 1.24\text{m} \tag{4-4}$$

根据达西定律：

$$h_{f1-2} = \lambda\frac{l}{d}\frac{v^2}{2g} = 1.24\text{m} \tag{4-5}$$

该题的关键是求沿程阻力系数 λ。

假设流态为层流，则

$$\lambda = \frac{64}{Re} = \frac{64\nu}{vd} \tag{4-6}$$

将式（4-6）代入式（4-5）中得：

$$\nu = \frac{gd^2 h_{f1-2}}{32lv} = \frac{9.807 \times 0.025^2 \times 1.24}{32 \times 3 \times 1} = 79.17 \times 10^{-6}\mathrm{m^2/s}$$

校核：

$$Re = \frac{vd}{\nu} = \frac{1 \times 0.025}{79.17 \times 10^{-6}} = 316 < 2000$$

流态为层流，假设正确。

若反向流动，1、2 断面的编号不发生变化，则能量方程变为：

$$Z_1 + \frac{p_1}{\rho g} + \frac{v_1^2}{2g} + h'_{f1-2} = Z_2 + \frac{p_2}{\rho g} + \frac{v_2^2}{2g}$$

与从上向下流动相比，$h'_{f1-2} = -h_{f1-2}$。则式（4-4）相应地变为：

$$h'_{f1-2} = -h_{f1-2} = \left(\frac{\rho'}{\rho} - 1\right)h' = \left(\frac{12600}{920} - 1\right) \times 0.09 = -1.24\mathrm{m}$$

由于管径不变，流速不变，黏度也不变，因此雷诺数和沿程阻力系数不变。所以，

$$h' = -h$$

也就是说，反向后压差计左侧液面低于右侧液面，但读数大小不变。

注：如果遇到题中参数不够，不能求雷诺数，但还需要求沿程阻力时，就必须先假设一种流态进行计算。待算完后，再校核假设是否正确。

【习题 4-10】 为测定 90°弯头的局部阻力系数 ζ，可采用如图 4-8 所示的装置。已知 AB 段管长 $l = 10\mathrm{m}$，管径 $d = 50\mathrm{mm}$，$\lambda = 0.03$。实测数据为：（1）AB 两断面测压管水头差 $\Delta h = 0.629\mathrm{m}$；（2）经 2min 流入水箱的水量为 $0.329\mathrm{m^3}$。求弯头的局部阻力系数 ζ。

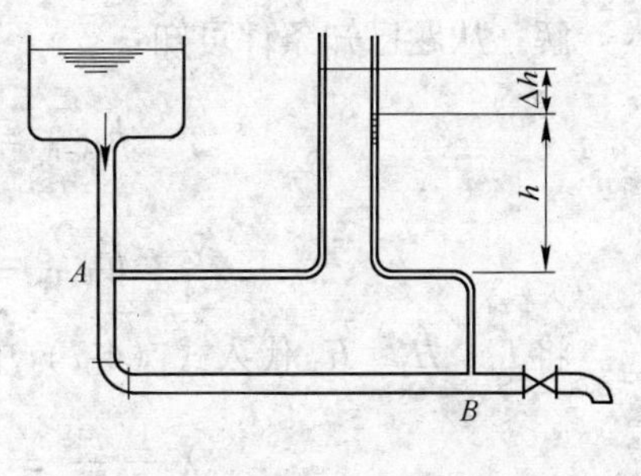

图 4-8　习题 4-10 图

解：管路流速为：

$$v = \frac{Q}{A} = \frac{0.329/(2 \times 60)}{\frac{\pi}{4} \times 0.050^2} = 1.40\mathrm{m/s}$$

列 A—B 断面的能量方程：

$$Z_A + \frac{p_A}{\rho g} + \frac{v_A^2}{2g} = Z_B + \frac{p_B}{\rho g} + \frac{v_B^2}{2g} + h_{fA-B}$$

以 B 点管道中心所在的平面为基准面，$Z_B = 0$，又因为 $v_A = v_B$，所以有：

$$h_{fA-B} = Z_A + \frac{p_A - p_B}{\rho g}$$

$$p_A = \rho g(h + \Delta h)$$

$$p_{\mathrm{B}} = \rho g(h + Z_{\mathrm{A}})$$

则有:

$$h_{\mathrm{fA-B}} = \Delta h = 0.629\mathrm{m}$$

又有:

$$h_{\mathrm{fA-B}} = \left(\lambda \frac{l}{d} + \zeta\right)\frac{v^2}{2g}$$

解得:

$$\zeta = \frac{2gh_{\mathrm{fA-B}}}{v^2} - \lambda \frac{L}{d} = \frac{2 \times 9.8 \times 0.629}{1.4^2} - 0.03 \times \frac{10}{0.05} = 0.29$$

【习题 4-11】 测定一阀门的局部阻力系数，在阀门的上下游设了 3 个测压管（见图 4-9），其间距 $L_1 = 1\mathrm{m}$，$L_2 = 2\mathrm{m}$，若直径 $d = 50\mathrm{mm}$，实测 $H_1 = 150\mathrm{cm}$，$H_2 = 125\mathrm{cm}$，$H_3 = 40\mathrm{cm}$，流速 $v = 3\mathrm{m/s}$，求阀门的 ζ 值。

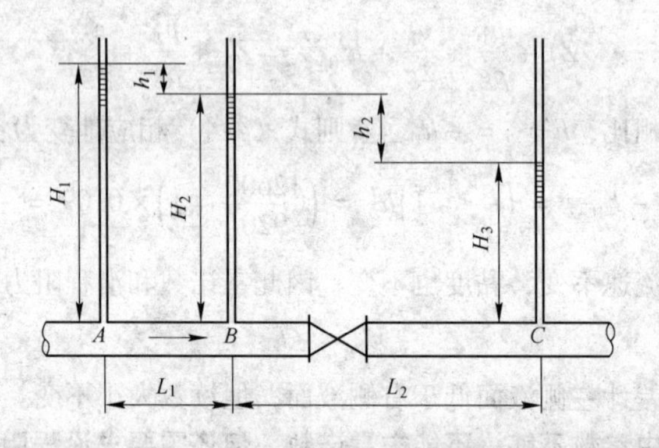

图 4-9　习题 4-11 图

解: 从题已知条件可知:

$$h_{\mathrm{fA-B}} = \lambda \frac{L_1}{d}\frac{v^2}{2g} = H_1 - H_2 \tag{4-7}$$

$$h_{\mathrm{fB-C}} = \lambda \frac{L_2}{d}\frac{v^2}{2g} + \zeta \frac{v^2}{2g} = H_2 - H_3 \tag{4-8}$$

将 L_1、H_1、H_2 代入式（4-7）中，得:

$$\lambda \frac{1}{d}\frac{v^2}{2g} = \frac{H_1 - H_2}{L_1} = \frac{1.5 - 1.25}{1} = 0.25$$

代入式（4-8）中可求得:

$$0.25L_2 + \zeta \frac{v^2}{2g} = H_2 - H_3$$

$$\begin{aligned}\zeta &= [(H_2 - H_3) - 0.25L_2]\frac{2g}{v^2} \\ &= [(0.25 - 0.4) - 0.25 \times 2] \times \frac{2 \times 9.8}{3^2} \\ &= 0.762\end{aligned}$$

【习题 4-12】 利用图 4-10 所示装置测定油液黏度。已知毛细管管径 $d=4\text{mm}$，长度 $l=500\text{mm}$，通过流量 $Q_V=1000\text{mm}^3/\text{s}$，上、下游测压管水位差 $h=150\text{mm}$，试求油液的运动黏度 ν。

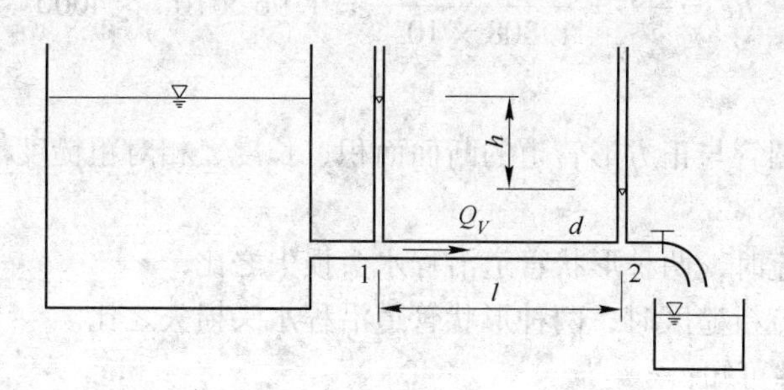

图 4-10　习题 4-12 图

解： 列 1—2 两断面的能量方程：

$$Z_1+\frac{p_1}{\rho g}+\frac{v_1^2}{2g}=Z_2+\frac{p_2}{\rho g}+\frac{v_2^2}{2g}+h_{\text{f1-2}} \tag{4-9}$$

其中，$Z_1=Z_2$、$v_1=v_2$、$\frac{p_1-p_2}{\rho g}=h$，则有：

$$h_{\text{f1-2}}=\lambda\frac{l}{d}\frac{v^2}{2g}=h \tag{4-10}$$

$$v=\frac{4Q_V}{\pi d^2}=\frac{4\times1000\times10^{-9}}{3.14\times(4\times10^{-3})^2}=0.0796\text{m/s}$$

$$\lambda=\frac{2gdh}{lv^2}=\frac{2\times9.8\times4\times10^{-3}\times0.15}{0.5\times0.0796^2}=3.71$$

假设流动为层流，则：

$$\lambda=\frac{64}{Re}=\frac{64\nu}{vd}=3.71 \tag{4-11}$$

可求得：

$$\nu=\frac{3.71vd}{64}=\frac{3.71\times0.0796\times4\times10^{-3}}{64}=1.841\times10^{-5}\text{m}^2/\text{s}$$

校核：

$$Re=\frac{vd}{\nu}=\frac{0.0796\times4\times10^{-3}}{1.841\times10^{-5}}=17.29<2000$$

假设正确。

【习题 4-13】 有一矩形断面的小排水沟，水深 15cm，底宽 20cm，流速 15m/s，水温 10℃，试判别流态。

解： 已知 10℃水的运动黏度为 $1.308\times10^{-6}\text{m}^2/\text{s}$，由于是非圆管，所以需要求当量直径进行计算。

$$d_e = \frac{2ab}{a+b} = \frac{2 \times 0.15 \times 0.20}{0.15 + 0.20} = 0.171\text{m}$$

$$Re = \frac{vd_e}{\nu} = \frac{15 \times 0.171}{1.308 \times 10^{-6}} = 1.96 \times 10^6 > 4000$$

所以，流态为紊流。

【习题 4-15】 圆管与正方形管道的断面面积、长度、相对粗糙度都相等，且通过的流量相等，试求：

（1）管流为层流时，两种形状管道沿程水头损失之比；

（2）管流为紊流粗糙区时，两种形状管道沿程水头损失之比。

解： 从已知条件可知：

$$A_{圆} = A_{方},\quad l_{圆} = l_{方},\quad K_{圆}/d_{e圆} = K_{方}/d_{e方},\ Q_{圆} = Q_{方}$$

$$\frac{h_{f圆}}{h_{f方}} = \frac{\lambda_{圆}}{\lambda_{方}} \frac{d_{e方}}{d_{e圆}}$$

（1）若管流为层流，则

$$\frac{\lambda_{圆}}{\lambda_{方}} = \frac{Re_{方}}{Re_{圆}} = \frac{d_{e方}}{d_{e圆}}$$

$$\frac{h_{f圆}}{h_{f方}} = \left(\frac{d_{e方}}{d_{e圆}}\right)^2$$

设圆管的直径为 d，方管的边长为 a，由于面积相等，则有：

$$\pi d^2/4 = a^2$$

$$\left(\frac{a}{d}\right)^2 = \frac{\pi}{4}$$

则

$$\frac{h_{f圆}}{h_{f方}} = \left(\frac{d_{e方}}{d_{e圆}}\right)^2 = \left(\frac{a}{d}\right)^2 = \frac{\pi}{4}$$

（2）若为紊流粗糙区，则 λ 只与相对粗糙度 K/d 有关，因此有：

$$\lambda_{圆} = \lambda_{方}$$

$$\frac{h_{f圆}}{h_{f方}} = \frac{d_{e方}}{d_{e圆}} = \frac{a}{d} = \frac{\sqrt{\pi}}{2}$$

【习题 4-16】 如图 4-11 所示，用水平的串联管将两个水箱连接起来。通过对高位水箱的水位控制和串联管上调节阀的调节，使两箱水位差保持 $H = 8\text{m}$。串联管管壁的粗糙度一样，都是 $K = 0.2\text{mm}$，粗管 $d_1 = 200\text{mm}$，$L_1 = 10\text{m}$，$\Sigma\zeta_1 = 0.5$，细管 $d_2 = 100\text{mm}$，$L_2 = 20\text{m}$，$\Sigma\zeta_2 = 4.42$，已知水的 $\nu = 1.3 \times 10^{-6}\text{m}^2/\text{s}$，求通过该串联水

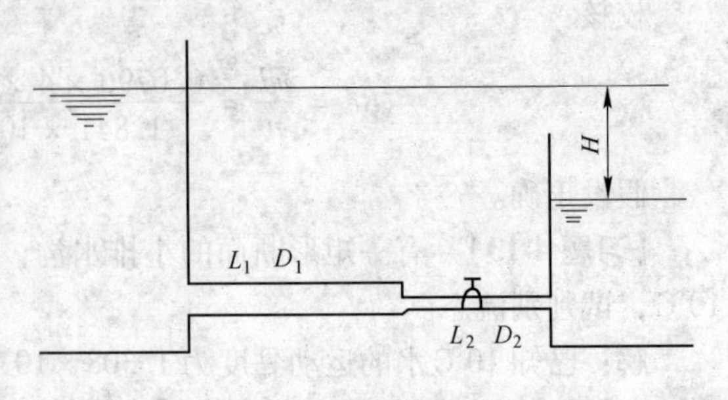

图 4-11　习题 4-16 图

管的流量 Q。

解：列两水箱液面的能量方程：

$$Z_1+\frac{p_1}{\rho g}+\frac{v_1^2}{2g}=Z_2+\frac{p_2}{\rho g}+\frac{v_2^2}{2g}+h_{f1-2} \tag{4-12}$$

能量方程中，$v_1=v_2\approx 0$、$p_1=p_2=0$、$Z_1-Z_2=H$，因此：

$$h_{f1-2}=H=\lambda_1\frac{L_1}{d_1}\frac{v_1^2}{2g}+\Sigma\zeta_1\frac{v_1^2}{2g}+\lambda_2\frac{L_2}{d_2}\frac{v_2^2}{2g}+\Sigma\zeta_2\frac{v_2^2}{2g} \tag{4-13}$$

根据连续性方程，可知：

$$\frac{v_2}{v_1}=\left(\frac{d_1}{d_2}\right)^2=\left(\frac{200}{100}\right)^2=4 \tag{4-14}$$

假设两个管道中的流动均为层流，则：

$$\lambda_1=\frac{64}{Re_1}=\frac{64\nu}{v_1 d_1}=\frac{64\times 1.3\times 10^{-6}}{v_1\times 0.2}=4.16\times 10^{-4}\times\frac{1}{v_1} \tag{4-15}$$

$$\lambda_2=\frac{64}{Re_2}=\frac{64\nu}{v_2 d_2}=\frac{64\times 1.3\times 10^{-6}}{4\times v_1\times 0.1}=2.08\times 10^{-4}\times\frac{1}{v_1} \tag{4-16}$$

将式(4-14)~式(4-16)代入式（4-13）得：

$$\left(4.16\times 10^{-4}\cdot\frac{1}{v_1}\cdot\frac{L_1}{d_1}+\Sigma\zeta_1+16\times 2.08\times 10^{-4}\cdot\frac{1}{v_1}\cdot\frac{L_2}{d_2}+16\Sigma\zeta_2\right)\frac{v_1^2}{2g}=H$$

$$\left(4.16\times 10^{-4}\times\frac{1}{v_1}\times\frac{10}{0.2}+0.5+16\times 2.08\times 10^{-4}\times\frac{1}{v_1}\times\frac{20}{0.1}+16\times 4.42\right)\frac{v_1^2}{2\times 9.8}=8$$

$$3.63v_1^2+0.035v_1-8=0$$

解得：

$$v_1=1.48\text{m/s}$$

校核：

$$Re_1=\frac{v_1 d_1}{\nu}=\frac{1.48\times 0.2}{1.3\times 10^{-6}}=2.28\times 10^5>2000$$

$$Re_2=\frac{v_2 d_2}{\nu}=\frac{1.48\times 4\times 0.1}{1.3\times 10^{-6}}=4.55\times 10^5>2000$$

所以假设不正确，实际流动状态为紊流，利用阿里特苏里公式进行求解。

$$\lambda=0.11\left(\frac{K}{d_e}+\frac{68}{Re}\right)^{0.25}$$

阿里特苏里公式中也包含雷诺数这一项，但是由于流量未知，只能通过试算来求解。

先假设流量 $Q_1=0.1\text{m}^3/\text{s}$，则

$$v_1=\frac{4Q_1}{\pi d_1^2}=\frac{4\times 0.1}{3.14\times 0.2^2}=3.185\text{m/s}$$

$$Re_1=\frac{v'_1 d_1}{\nu}=\frac{3.185\times 0.2}{1.3\times 10^{-6}}=4.9\times 10^5>2000$$

$$Re_2=\frac{v'_2 d_2}{\nu}=\frac{3.185\times 4\times 0.1}{1.3\times 10^{-6}}=9.8\times 10^5>2000$$

$$\lambda_1 = 0.11\left(\frac{K}{d_1} + \frac{68}{Re_1}\right)^{0.25} = 0.11\left(\frac{0.2}{200} + \frac{68}{4.9 \times 10^5}\right)^{0.25} = 0.0202$$

$$\lambda_2 = 0.11\left(\frac{K}{d_2} + \frac{68}{Re_2}\right)^{0.25} = 0.11\left(\frac{0.2}{100} + \frac{68}{9.8 \times 10^5}\right)^{0.25} = 0.0235$$

$$\left(0.0202\frac{L_1}{d_1} + \Sigma\zeta_1 + 16 \times 0.0235\frac{L_2}{d_2} + 16\Sigma\zeta_2\right)\frac{v_1'^2}{2g} = H$$

$$\left(0.0202 \times \frac{10}{0.2} + 0.5 + 16 \times 0.0235 \times \frac{20}{0.1} + 16 \times 4.42\right)\frac{v_1'^2}{2 \times 9.8} = 8$$

$$v_1' = 1.031\text{m/s}$$

$$Q_2 = \frac{\pi}{4}d_1^2 v_1' = \frac{3.14}{4} \times 0.2^2 \times 1.031 = 0.0324\text{m}^3/\text{s}$$

由于 Q_2 与假设 Q_1 相差甚远，所以，以 Q_2 为初始值再进行试算。

$$Re_1 = \frac{v_1' d_1}{\nu} = \frac{1.031 \times 0.2}{1.3 \times 10^{-6}} = 1.586 \times 10^5 > 2000$$

$$Re_2 = \frac{v_2' d_2}{\nu} = \frac{1.031 \times 4 \times 0.1}{1.3 \times 10^{-6}} = 3.172 \times 10^5 > 2000$$

$$\lambda_1 = 0.11\left(\frac{K}{d_1} + \frac{68}{Re_1}\right)^{0.25} = 0.11\left(\frac{0.2}{200} + \frac{68}{1.586 \times 10^5}\right)^{0.25} = 0.0214$$

$$\lambda_2 = 0.11\left(\frac{K}{d_2} + \frac{68}{Re_2}\right)^{0.25} = 0.11\left(\frac{0.2}{100} + \frac{68}{3.172 \times 10^5}\right)^{0.25} = 0.0239$$

$$\left(0.0214\frac{L_1}{d_1} + \Sigma\zeta_1 + 16 \times 0.0239\frac{L_2}{d_2} + 16\Sigma\zeta_2\right)\frac{v_1''^2}{2g} = H$$

$$\left(0.0214 \times \frac{10}{0.2} + 0.5 + 16 \times 0.0239 \times \frac{20}{0.1} + 16 \times 4.42\right)\frac{v_1''^2}{2 \times 9.8} = 8$$

$$v_1'' = 1.027\text{m/s}$$

$$Q_3 = \frac{\pi}{4}d_1^2 v_1'' = \frac{3.14}{4} \times 0.2^2 \times 1.027 = 0.0322\text{m}^3/\text{s}$$

Q_3 与 Q_2 相比，已非常接近，因此可以取 Q_3 为计算结果。若要进一步提高精度，则可以以 Q_3 作为预测值进一步试算。

【习题 4-19】 矩形截面的钢板风管，总长 $L = 40\text{m}$，有 90°弯头、活动百叶栅格等局部阻力件，总局部阻力系数 $\Sigma\zeta = 3.2$。管内空气密度 $\rho = 1.2\text{kg/m}^3$，运动黏度 $\nu = 15 \times 10^{-6}\text{m}^2/\text{s}$。管截面高 $h = 300\text{mm}$，宽 $b = 200\text{mm}$，平均风速 $v = 12.4\text{m/s}$，试求整个管长的压损 Δp。

解： 首先计算矩形管道的当量直径：

$$d_e = \frac{2hb}{h + b} = \frac{2 \times 0.3 \times 0.2}{0.3 + 0.2} = 0.24\text{m}$$

整个管长的压损包括沿程阻力损失和局部阻力损失，表达式为：

$$\Delta p = \left(\lambda\frac{L}{d_e} + \Sigma\zeta\right)\frac{\rho v^2}{2} \tag{4-17}$$

其中 λ 为未知，需要根据条件求解，先计算雷诺数，判断流体流态。

$$Re=\frac{vd_{\mathrm{e}}}{\nu}=\frac{12.4\times0.24}{15\times10^{-6}}=1.984\times10^{5}>2000$$

流体流态为紊流，根据阿里特苏里公式进行计算，查表得钢制风道的绝对粗糙度 $K=0.15\mathrm{mm}$。

$$\lambda=0.11\left(\frac{K}{d_{\mathrm{e}}}+\frac{68}{Re}\right)^{0.25}=0.11\left(\frac{0.15}{0.24\times10^{3}}+\frac{68}{1.984\times10^{5}}\right)^{0.25}=0.019$$

代入式（4-17）得：

$$\Delta p=\left(0.019\times\frac{40}{0.24}+3.2\right)\times\frac{1.2\times12.4^{2}}{2}=593.53\mathrm{Pa}$$

四、练习题

4-1 石油在冬季时的运动黏度为 $\nu_1=6\times10^{-4}\mathrm{m^2/s}$，在夏季时 $\nu_2=4\times10^{-5}\mathrm{m^2/s}$。有一条输油管线，直径 $d=0.4\mathrm{m}$，设计流量为 $Q=0.18\mathrm{m^3/s}$，试求冬、夏季石油流动的流态。（答案：冬季时（雷诺数为955）为层流，夏季时（雷诺数为14330）为紊流）

4-2 动力黏度 $\mu=0.072\mathrm{Pa\cdot s}$ 的油在管径 $d=0.1\mathrm{m}$ 的圆管中做层流运动，流量 $Q=3\times10^{-3}\mathrm{m^3/s}$，试计算管壁的切应力 τ_0。（答案：2.2Pa）

4-3 一条输水管，长 $l=1000\mathrm{m}$，管径 $d=0.3\mathrm{m}$，设计流量 $Q=0.055\mathrm{m^3/s}$，水的运动黏度 $\nu=1\times10^{-6}\mathrm{m^2/s}$，如果要求此管段的沿程水头损失为3m，试问应选择相对粗糙度为多少的管道。（答案：4.53×10^{-3}）

4-4 矩形风道的断面尺寸为1200mm×600mm，风道内空气的温度为45℃，流量为42000m³/h，风道壁面材料的当量粗糙度 $K=0.1\mathrm{mm}$，今用酒精微压计测量风道水平段 AB 两点的压差（见图4-12），微压计读值 $a=7.5\mathrm{mm}$，已知 $\alpha=30°$，$L_{AB}=12\mathrm{m}$，酒精的密度 $\rho=860\mathrm{kg/m^3}$，试求风道沿程阻力系数 λ。（答案：0.0145）

4-5 图4-13中 $l=75\mathrm{cm}$，$d=2.5\mathrm{cm}$，$v=3.0\mathrm{m/s}$，$\lambda=0.020$，$\zeta_{进}=0.5$，计算水银差压计的水银面高差 h_{p}，并表示出水银面高差方向。（答案：76.5mm，右侧水银面高）

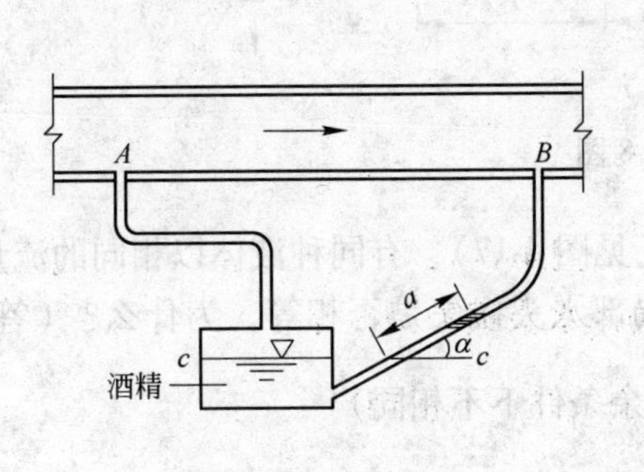

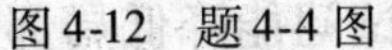
图4-12 题4-4图

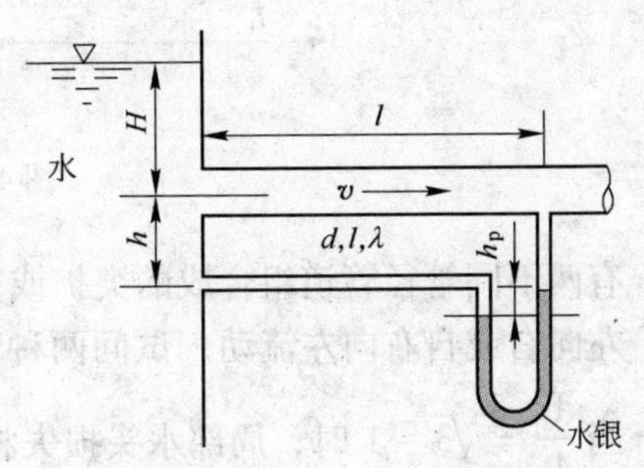

图4-13 题4-5图

4-6 如图4-14所示，运动黏度 $\nu=2\times10^{-6}\mathrm{m^2/s}$ 的煤油储存在一大容器中，煤油液面与底部管道出口中心的垂直距离为 4m，用一根长 $l=3\text{m}$，内径 $d=6\text{mm}$，绝对粗糙度 $K=0.046\text{mm}$ 的碳钢管将煤油从容器底部引出，管道中间有一曲率半径 $R=12\text{mm}$ 直角弯管，试求煤油的体积流量。(答案：$5.07\times10^{-5}\text{m}^3/\text{s}$)

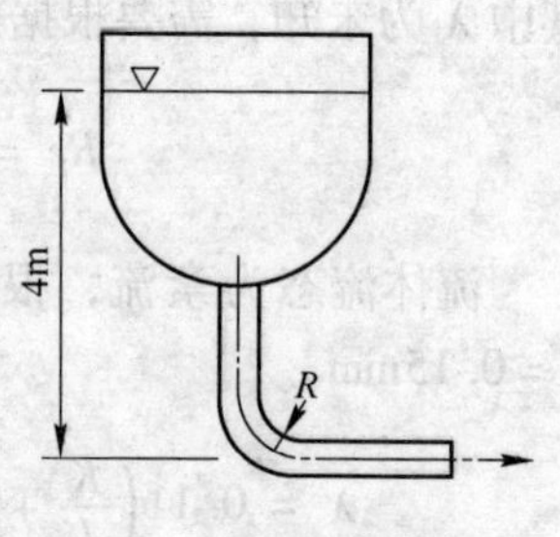

图 4-14 题 4-6 图

4-7 如图 4-15 所示的钢管内径 $D=100\text{mm}$，管壁粗糙度 $K=0.05\text{mm}$，从大气中流入的空气 $\rho=1.2\text{kg/m}^3$，运动黏度 $\nu=13\times10^{-6}\text{m}^2/\text{s}$，管道上孔板流量计的局部阻力系数 $\zeta=7.8$，在距离入口处 $L=5\text{m}$ 的断面上装有以水为指示剂的 U 形管测压计，测得流动的压头损失 $\Delta h=500\text{mmH}_2\text{O}$，水的密度 $\rho_f=998\text{kg/m}^3$，试求管内空气的流量。(答案：$0.232\text{m}^3/\text{s}$)

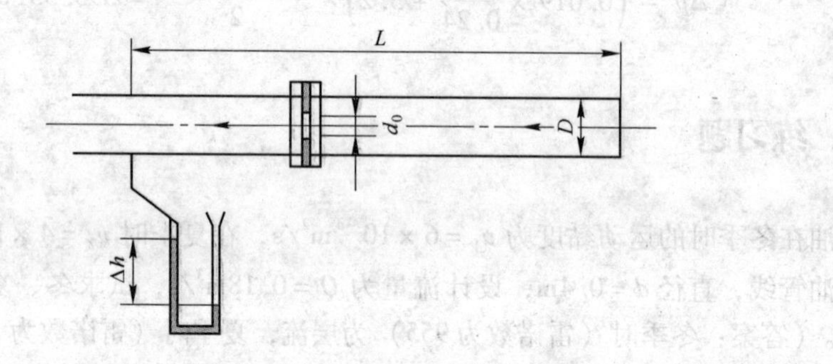

图 4-15 题 4-7 图

4-8 测定阀门的局部阻力系数，为消除管道沿程阻力的影响，在阀门上、下游共装设四根测压管（见图 4-16），其间距分别为 l_1、l_2，管道直径 $d=50\text{mm}$，测得测压管水面标高 $\nabla_1=165\text{cm}$，$\nabla_2=160\text{cm}$，$\nabla_3=100\text{cm}$，$\nabla_4=92\text{cm}$，管中流速 $v=1.2\text{m/s}$，试求阀门的局部阻力系数。(答案：6.4)

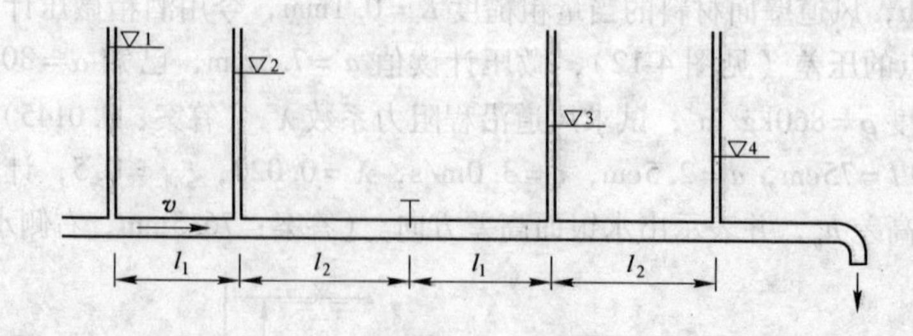

图 4-16 题 4-8 图

4-9 有两不同管径管道组合成的突扩或突缩管（见图 4-17），有同种液体以相同的流量自左向右或自右向左流动，试问两种情况的局部水头损失是否相等，为什么？(答案：当 $\dfrac{A_2}{A_1}=\sqrt{3}-1$ 时，局部水头损失相同，其余条件下不相同)

4-10 弯管内装导流叶片，可降低弯管的局部阻力系数，试问能降低局部阻力系数的原因，并指出图 4-18 (a)、(b) 两种情况，哪一种正确。(答案：b 正确)

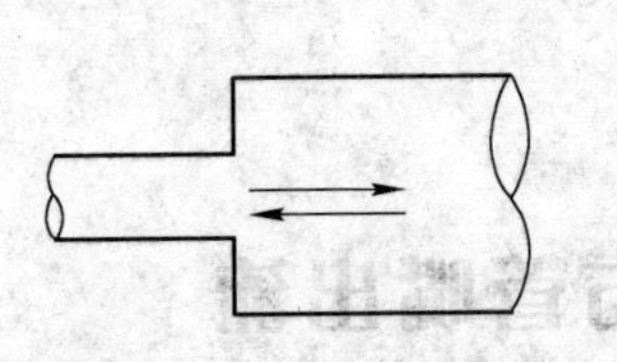

图 4-17　题 4-9 图

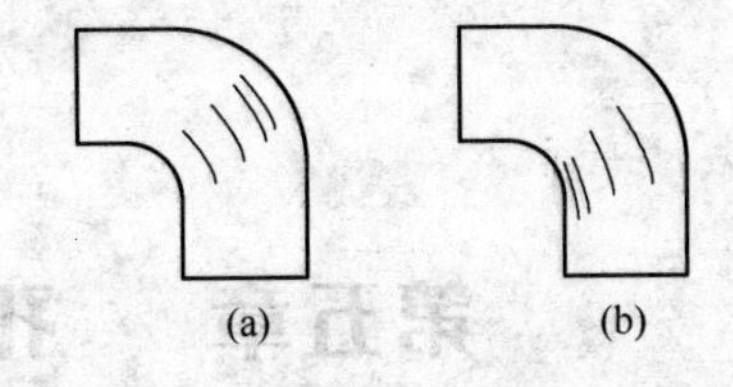

图 4-18　题 4-10 图

4-11　如图 4-19 所示，圆形、正方形、矩形管道，断面积相等均为 A，水流以相同的水力坡度流动时，试求：

（1）边壁上切应力之比。

（2）当沿程阻力系数相等时，流量之比。

（答案：$\tau_{01}:\tau_{02}:\tau_{03}=1:0.886:0.835$；$Q_1:Q_2:Q_3=1:0.941:0.914$）

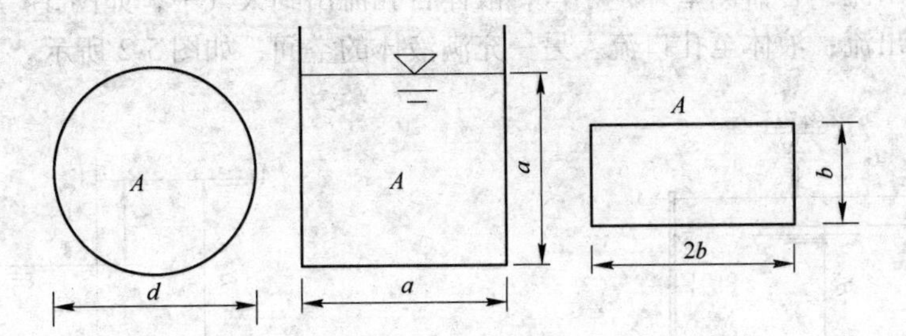

图 4-19　题 4-11 图

4-12　流速由 v_1 变为 v_3 的突然扩大管，为了减小阻力，可分两次扩大，问中间级 v_2 取为多大时，所产生的局部阻力最小？比一次扩大的阻力小多少？（答案：$v_2=\frac{1}{2}(v_1+v_3)$ 时，阻力可减小一半）

第五章　孔口出流与管嘴出流

一、基本知识点

（一）各种出流方式的概念及特点

（1）孔口出流。

孔口自由出流：容器侧壁开一小口，液体自孔流出到大气中，如图 5-1 所示。

孔口淹没出流：液体至孔口流入另一充满液体的空间，如图 5-2 所示。

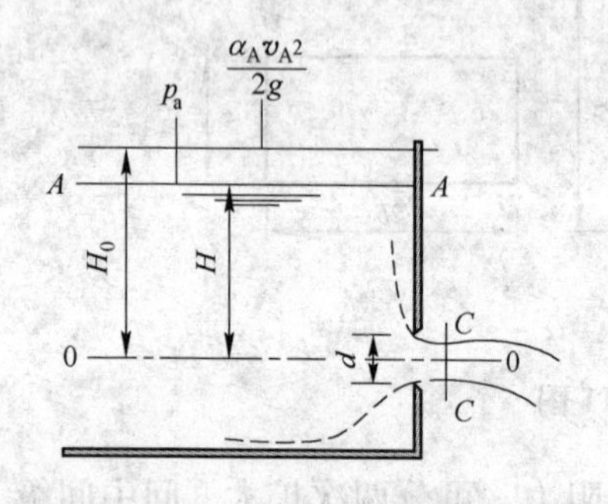

图 5-1　孔口自由出流

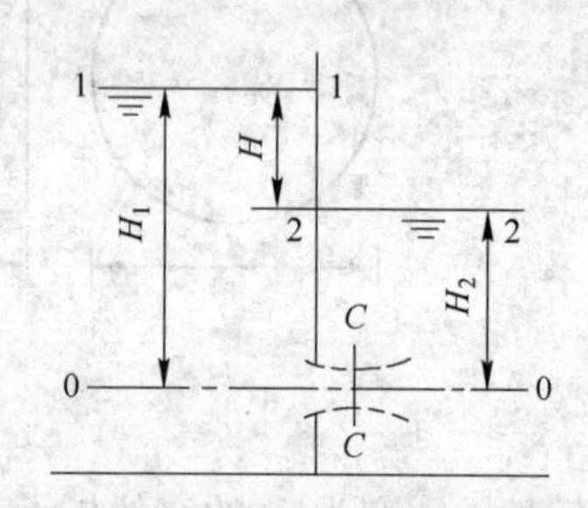

图 5-2　孔口淹没出流

压力容器出流：容器内液面压强大于大气压强的有压容器，液体经孔口的出流，如图 5-3 所示。

当容器壁厚 $\delta \leqslant 0.5d$ 时，容器的孔口称为薄壁孔口。此时，孔壁厚度不影响出流形态。

（2）管嘴出流。当容器壁厚 $\delta=(3\sim4)d$ 时，或者在孔口处外接一段长 $l=(3\sim4)d$ 的圆管时，此时的出流称为圆柱形外管嘴出流，如图 5-4 所示。

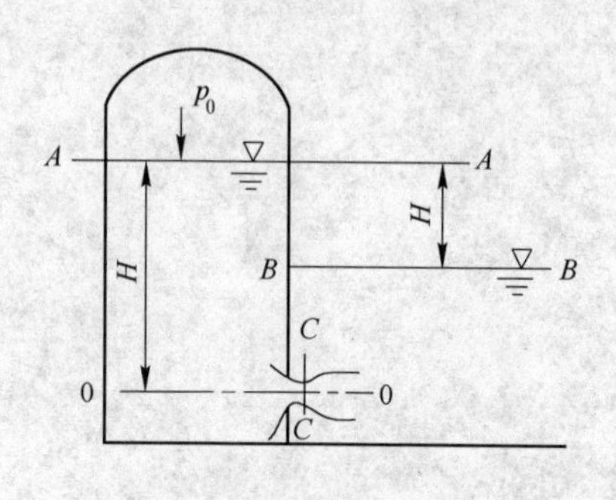

图 5-3　压力容器出流

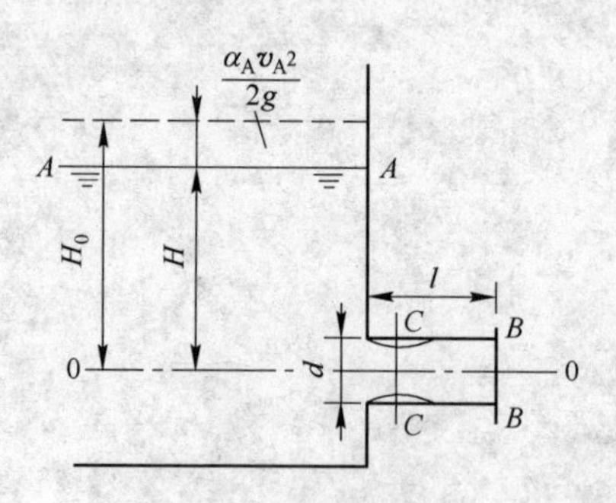

图 5-4　管嘴出流

（二）各种出流方式出流能力的计算

（1）基本公式。

$$Q_V = \varepsilon\varphi A\sqrt{2gH} = \mu A\sqrt{2gH}$$

式中　Q_V——体积流量，m^3/s；

ε——收缩系数；

φ——速度系数；

μ——流量系数；

A——孔口面积，m^2；

H——作用水头，m。

（2）气体出流。气体出流均为淹没出流，以压强差代替水头差，其计算公式如下：

$$Q_V = \mu A\sqrt{\frac{2\Delta p_0}{\rho}}$$

式中　Q_V——体积流量，m^3/s；

Δp_0——促使出流的全部能量，Pa；

ρ——气体密度，kg/m^3。

（3）各种出流方式计算式的比较，见表5-1。孔口和管嘴的各种形式如图5-5所示。

表5-1　各种出流方式计算式的比较

出流方式	孔口出流	淹没出流	管嘴出流	流线型管嘴	收缩圆锥形管嘴	扩大圆锥形管嘴
H	液面—孔口	两液面高度差	液面—管嘴	液面—管嘴	液面—管嘴	液面—管嘴
ε	0.62～0.64	0.62～0.64	1	1	1	1
φ	0.97～0.98	0.97～0.98	0.82	0.97	0.94	0.42～0.5
μ	0.60～0.62	0.60～0.62	0.82	0.97	0.94	0.42～0.5

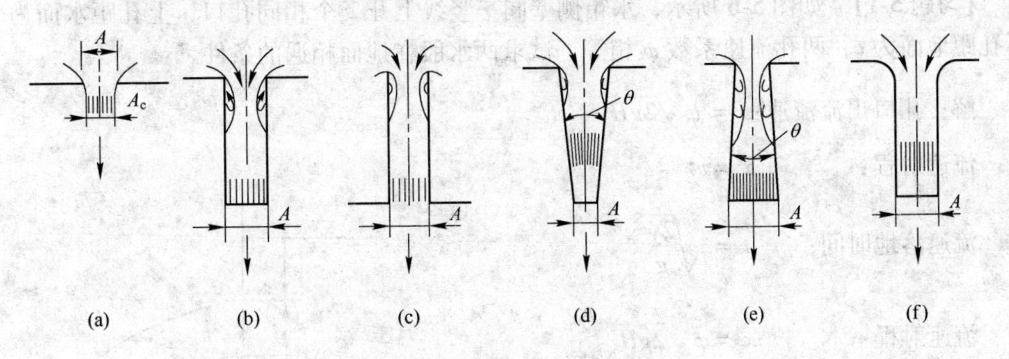

图5-5　各种形式的孔口和管嘴

（a）圆形孔口；（b）圆柱形外管嘴；（c）圆柱形内管嘴；（d）收缩型管嘴；（e）扩张型管嘴；（f）流线型管嘴

当出流为压力出流时，其作用水头为：

$$H_0 = H + \frac{p_0}{\rho g}$$

式中，p_0 为液面的相对压强。

二、难点

为什么孔口淹没出流时，其流速和流量的计算既与孔口位置无关，也无大、小孔口之分？

大、小孔口的区分主要是根据孔口直径 d 与孔口断面形心点以上水头 H 的比值来划分。小孔口出流：$d/H<0.1$；大孔口出流：$d/H\geq 0.1$。

淹没出流时，根据上、下游液面列能量方程，淹没出流的水力计算与孔口断面各点的位置水头无关，因而淹没出流无大、小孔口的区别。

自由出流时，由于大孔口尺寸较大，必须考虑孔口断面上参数分布的不均匀性，但孔口边缘仍对液流起阻挡作用。大孔口自由出流可视为水头不等的小孔口出流之和。

为什么孔口淹没出流当 $v_2\neq 0$ 时，作用水头 H_0 的定义与孔口自由出流和管嘴出流的 H_0 定义不同？

淹没出流的局部阻力系数是与孔口收缩面的流速水头相匹配，而不是与下游断面 2 的流速水头相匹配。当 $v_2\neq 0$ 时，相当于作用水头中多了一项 $-\frac{\alpha_2 v_2^2}{2g}$，作用水头降低，相当于作用水头中一部分能量转化为断面 2 的动能。

三、习题详解

【习题 5-1】 如图 5-6 所示，水箱侧壁同一竖线上开 2 个相同孔口，上孔距水面为 a，下孔距地面为 c，两孔流速系数 φ 相等，试求两水股在地面相遇的条件。

解： 孔口出流流速：$v = \varphi\sqrt{2gH}$

流速射程：　$x = vt$

流速落地时间：　$t = \sqrt{\frac{2y}{g}}$

流速射程：　$x = \varphi\sqrt{2gH}\sqrt{\frac{2y}{g}}$

对上孔口：　$x_1 = \varphi\sqrt{4a(b+c)}$　$(H = a)$

对下孔口：　$x_2 = \varphi\sqrt{4(a+b)c}$　$(H = a+b)$

相遇时 $x_1 = x_2$，即

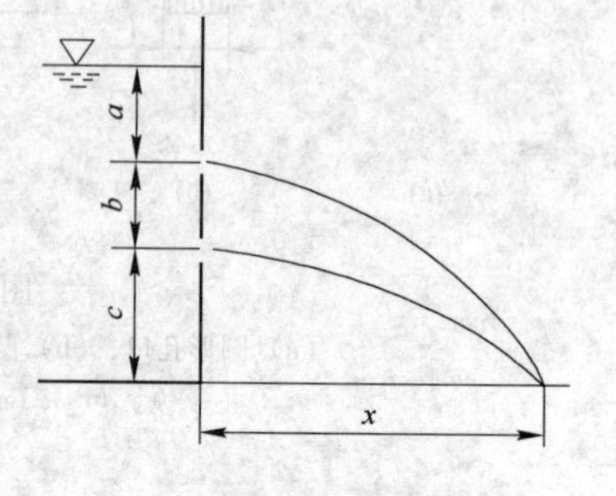

图 5-6　习题 5-1 图

$$\varphi\sqrt{4ab+4ac}=\varphi\sqrt{4ac+4bc}$$

$$a=c$$

即两水股在地面相遇的条件是 $a=c$。

【习题 5-4】 如图 5-7 所示，A、B 两容器有一薄壁圆形小孔相通，水面恒定，两容器水面高差 $H=2.0\text{m}$。B 容器开敞水面压强 $p_1=98.1\text{kPa}$，A 容器封闭，水面压强 $p_2=49.05\text{kPa}$，孔口淹没出流的流量 $Q=37.41\text{m}^3/\text{s}$，当流速系数 $\varphi=0.97$，收缩系数 $\varepsilon=0.64$，不计流速水头时，求孔口直径 d。

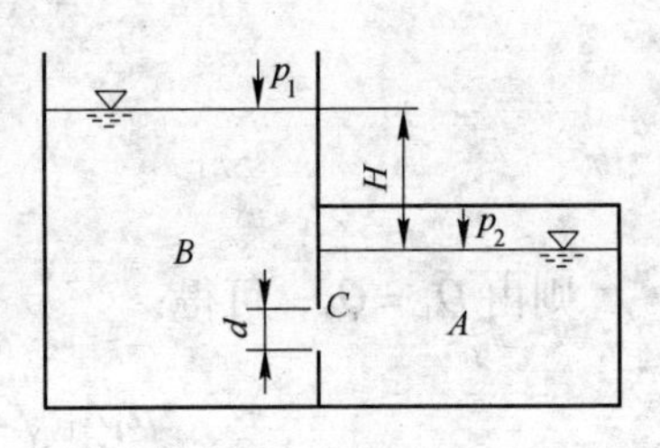

图 5-7　习题 5-4 图

解：设 $\gamma=\rho g=9.807\text{kN/m}^3$

以 B 容器水面为 1—1 断面；A 容器水面为 2—2 断面。

$$H_0=Z_1-Z_2+\frac{p_1-p_2}{\rho g}$$

$$=2.0+\frac{98.1-49.05}{1\times10^3\times9.8}$$

$$=7\text{m}$$

因为
$$Q_V=\mu A\sqrt{2gH_0}$$

所以
$$A=\frac{\pi}{4}d^2=\frac{Q_V}{\mu\sqrt{2gH_0}}$$

$$=\frac{37.41\times10^{-6}}{0.97\times0.60\times\sqrt{2\times9.8\times7}}$$

$$=5.49\times10^{-6}\text{m}^2$$

因此有：
$$d=\sqrt{\frac{4A}{\pi}}=\sqrt{\frac{4\times5.49\times10^{-6}}{3.14}}$$

$$=2.64\times10^{-3}\text{m}$$

【习题 5-5】 一隔板将水箱分为 A、B 两格，隔板上有一直径为 $d_1=40\text{mm}$ 的薄壁孔口，如图 5-8 所示，B 箱底部有一直径 $d_2=30\text{mm}$ 的圆柱形管嘴，管嘴长 $l=0.1\text{m}$，A 箱水深 $H_1=3\text{m}$ 恒定不变。

(1) 分析出流恒定性的条件（H_2 的条件不变）。

(2) 在恒定出流时，B 箱中水深 H_2 等于多少？

(3) 水箱流量 Q_{V1} 为何值？

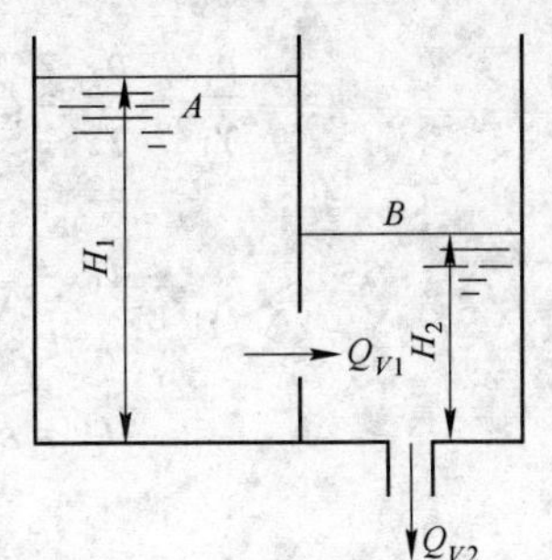

图 5-8　习题 5-5 图

解：因为
$$\frac{L}{d}=\frac{0.1}{0.03}=3.33$$

$$L=3.33d=(3\sim4)d$$

所以 B 箱底部为管嘴出流。整个流动由孔口淹没出流和管嘴出流构成。

（1）恒定性条件为：

$$Q_{V1}=Q_{V2}$$

$$Q_{V1}=\mu_1 A_1\sqrt{2g(H_1-H_2)}$$

$$Q_{V2}=\mu_2 A_2\sqrt{2g(H_2+l)}$$

则由 $Q_1=Q_2$，可得：

$$\mu_1 A_1\sqrt{2g(H_1-H_2)}=\mu_2 A_2\sqrt{2g(H_2+l)}$$

$$H_2=\frac{CH_1-l}{1+C} \tag{5-1}$$

式中，C 为常数。

$$C=\left(\frac{\mu_1 A_1}{\mu_2 A_2}\right)^2=\left(\frac{\mu_1 d_1^2}{\mu_2 d_2^2}\right)^2=\left(\frac{0.62\times 0.04^2}{0.82\times 0.03^2}\right)^2=1.807$$

（2）求 H_2。

将各参数代入式（5-1）得：

$$H_2=\frac{1.807\times 3-0.1}{1+1.807}=1.90\text{m}$$

（3）求 Q_{V1}。根据 $Q_{V1}=\mu_1 A_1\sqrt{2g(H_1-H_2)}$，且取 $\mu_1=0.62$，则：

$$Q_{V1}=0.62\times\frac{\pi}{4}\times 0.04^2\times\sqrt{2\times 9.8\times(3-1.90)}$$

$$=0.00362\text{m}^3/\text{s}$$

【习题 5-6】 如图 5-9 所示，管路中输送气体，采用 U 形压差计测量压强差。试推导通过孔板的流量公式。

解： 列孔板前、后两断面间的能量方程：

$$\frac{p_1}{\gamma_1}+\frac{v_1^2}{2g}=\frac{p_2}{\gamma_2}+\frac{v_2^2}{2g}+\zeta\frac{v_0^2}{2g}$$

$$\frac{p_1}{\gamma_1}-\frac{p_2}{\gamma_2}=\zeta\frac{v_0^2}{2g}\quad(\gamma_1=\gamma_2=\rho g)$$

$$v_0=\sqrt{\frac{2}{\rho g}(p_1-p_2)}$$

$$Q=\varepsilon A\sqrt{\frac{1}{\zeta}}\cdot\sqrt{\frac{2}{\rho}(p_1-p_2)}$$

令

$$\mu=\varepsilon\sqrt{\frac{1}{\zeta}}$$

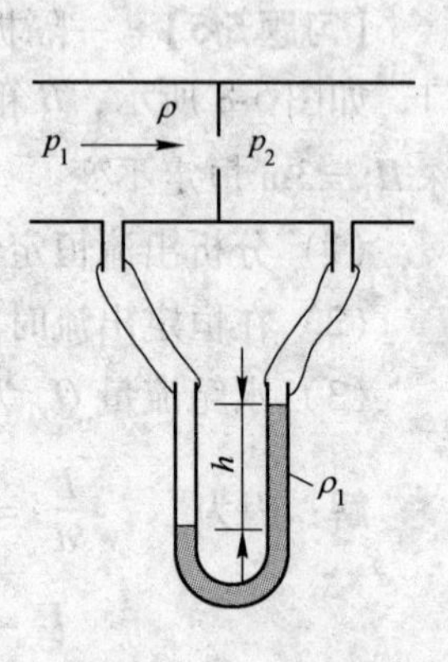

图 5-9　习题 5-6 图

$$Q=\mu A\sqrt{\frac{2}{\rho}(p_1-p_2)}=\mu A\sqrt{\frac{2h\gamma}{\rho}}\quad(\gamma=\rho_1 g)$$

若孔板流量计输送20℃空气，代入数据有：

$$Q=0.62\times\frac{\pi}{4}\times0.1^2\times\sqrt{\frac{2h\gamma_{H_2O}}{\rho}}=0.196\text{m}^3/\text{s}$$

【习题 5-8】 设有两个圆柱形容器，如图 5-10 所示。左边的一个横断面面积为 100m^2，右边的一个横断面面积为 50m^2，两个容器之间用直径 $d=1\text{m}$，长 $L=100\text{m}$ 的圆管连接，两容器水位差 $z=3\text{m}$，设进口局部阻力系数为 $\zeta_1=0.5$，出口局部阻力系数 $\zeta_2=1$，沿程阻力系数 $\lambda=0.025$，试求两个容器中水位达到平齐时所需的时间。

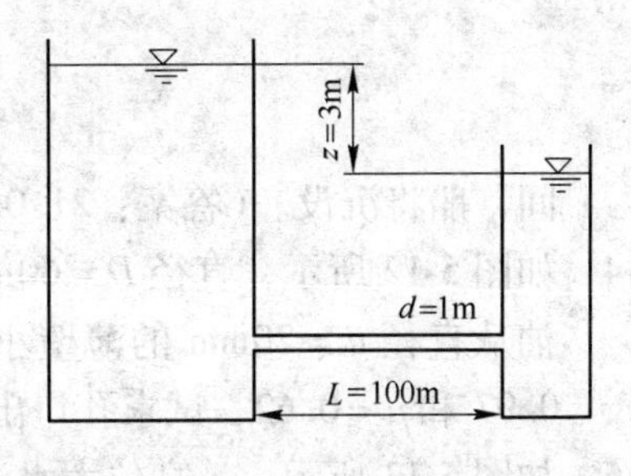

图 5-10　习题 5-8 图

解： 简单管路淹没出流，流量的计算式为：$Q=\mu A\sqrt{2gz_0}$。因两容器较大，行进速度忽略不计，则 $z_0=z$。

$$Q=\mu A\sqrt{2gz}=\frac{1}{\sqrt{\lambda\frac{L}{d}+\Sigma\zeta}}\times\frac{\pi d^2}{4}\times\sqrt{2gz}=1.74z^{0.5}$$

在 dt 时间内，左边容器水位下降的高度是 $Q\text{d}t/100$，右边容器水位上升的高度是 $Q\text{d}t/50$，上下容器水位变化为 $-\text{d}z$（z 为液面距离，由 3m 逐渐减小为 0），即

$$-\text{d}z=\frac{Q\text{d}t}{100}+\frac{Q\text{d}t}{50}$$

整理简化得：

$$\text{d}t=-\frac{100}{3Q}\text{d}z=-\frac{100\text{d}z}{3\times1.74z^{0.5}}$$

积分：

$$t=-\frac{100}{3\times1.74}\int_3^0 z^{-0.5}\text{d}z=66.37\text{s}$$

四、练习题

5-1　管嘴出流有何特点？管嘴正常出流的条件是什么？

5-2　有一高压长输天然气管线，表压为 2.5MPa，管上有一直径为 1cm 的圆孔，求天然气泄漏的体积流量以及每天天然气的泄漏量。（已知天然气的密度为 0.8kg/m^3，流量系数为 0.6）（答案：$Q_V=0.1178\text{m}^3/\text{s}$，$Q=1.017\times10^4\text{m}^3/\text{d}$）

5-3　如图 5-11 所示，矩形平底船的尺寸为宽 $B=2\text{m}$，长 $L=4\text{m}$，高 $H=0.5\text{m}$，船重 $G=7.85\text{kN}$，底部有一直径 $d=8\text{mm}$ 的小圆孔，流量系数 $\mu=0.6$，问开小孔后需多少时

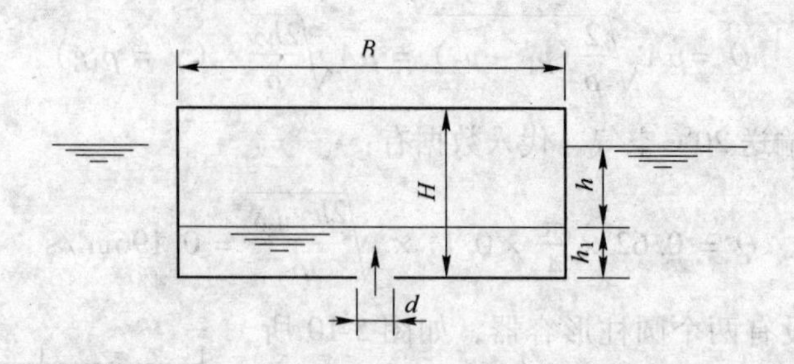

图 5-11　题 5-3 图

间，船将沉没。(答案：21.04h)

5-4　如图 5-12 所示，直径 $D=60$mm 的活塞受力 $F_p=3000$N 后，将密度 $\rho=920$kg/m^3 的油从直径 $d=20$mm 的薄壁小孔口挤出，若孔口的流速系数和流量系数分别为 $\varphi=0.97$ 和 $\mu=0.62$，试求孔口出流流量 Q_V。(答案：$Q_V=9.35$L/s)

5-5　如图 5-13 所示，一高位大水池的侧壁开有一直径 $d=10$mm 上的小圆孔，水池水面比孔口高 $H=5$m，孔口比地面高 $z=5$m，求下面两种情况的泄流量 Q 及射程 x。

(1) 若箱壁壁厚 $\delta=3$mm。

(2) 若箱壁壁厚 $\delta=40$mm。

(答案：(1) $Q=0.482$L/s，$x=9.71$m；(2) $Q=0.638$L/s，$x=8.20$m)

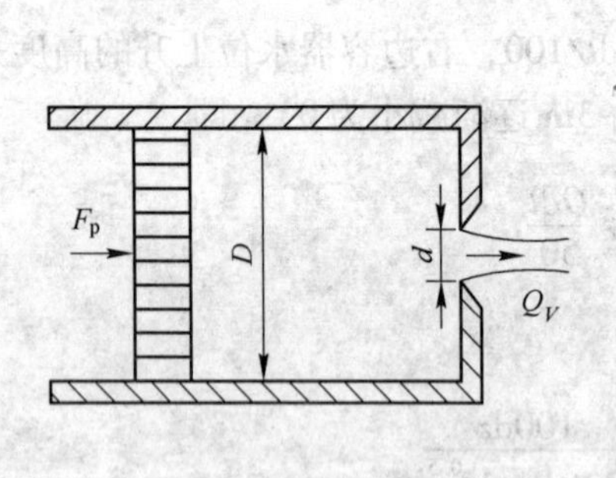

图 5-12　题 5-4 图

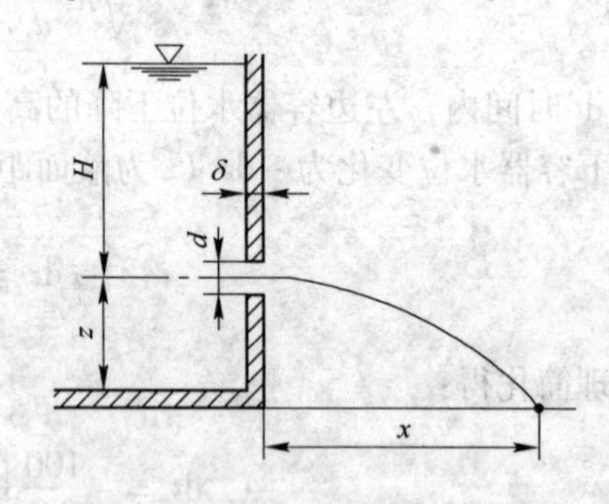

图 5-13　题 5-5 图

5-6　如图 5-14 所示，水电站管路直径 $D=0.5$m，长 $L=1000$m，水头 $H=400$m，出口端喷嘴直径 $d=0.3$m，管路的沿程阻力系数 $\lambda=0.02$，喷嘴的局部阻力系数 $\zeta=0.04$，求喷嘴出口流速及流量。(答案：$v=35.51$m/s；$Q=2.510$m^3/s)

5-7　某房间通过天花板用大量小孔口分布送风，如图 5-15 所示，孔口直径 $d=20$mm，风

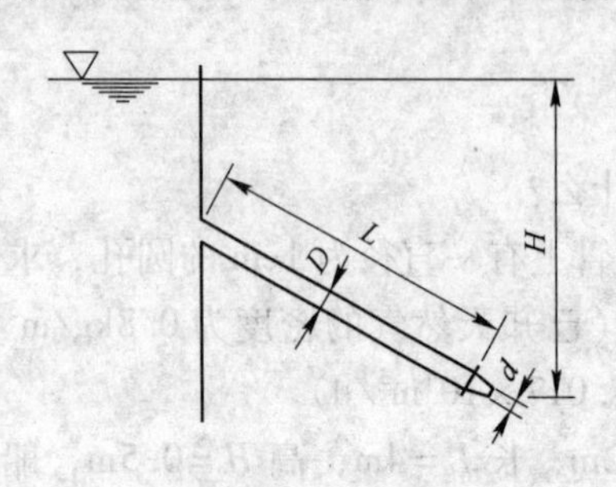

图 5-14　题 5-6 图

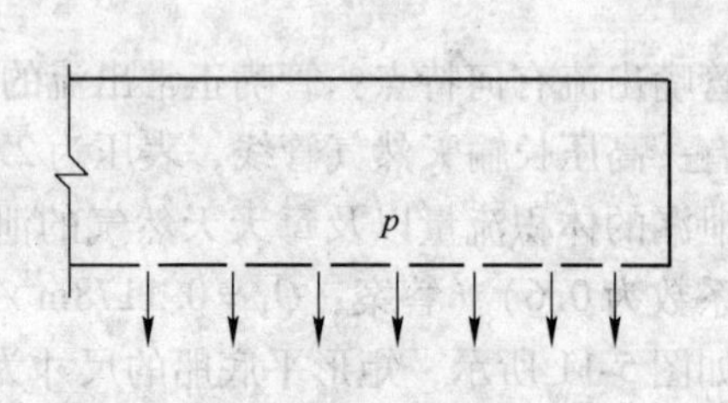

图 5-15　题 5-7 图

道中的静压 $p=200\text{N/m}^2$，空气温度 $t=20℃$，要求总风量 $Q=1\text{m}^3/\text{s}$，问应布置多少个孔口？（答案：282 个）

5-8　一喷嘴流量计如图 5-16 所示，已知 $D=50\text{mm}$，$d=30\text{mm}$，喷嘴局部阻力系数 $\zeta=0.08$，管中通过密度为 0.8×10^3 的煤油，若水银压差计读数 $\Delta h=175\text{mm}$ 时，煤油流量 Q 为多少？（答案：5.19L/s）

5-9　如图 5-17 所示，注入水箱 A 的恒定流量 $Q=80\text{L/s}$，在流动状态恒定时，求 Q_1、Q_2、Q_3。已知孔口和管嘴的直径均为 100mm，管嘴高度为 400mm。（答案：$Q_2=50\text{L/s}$；$Q_1=Q_3=30\text{L/s}$）

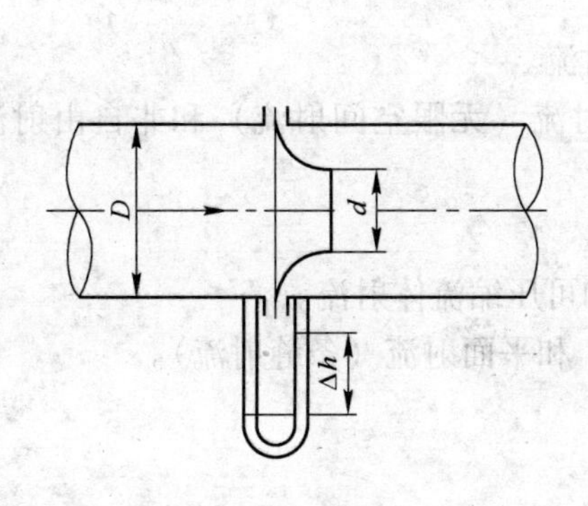

图 5-16　题 5-8 图

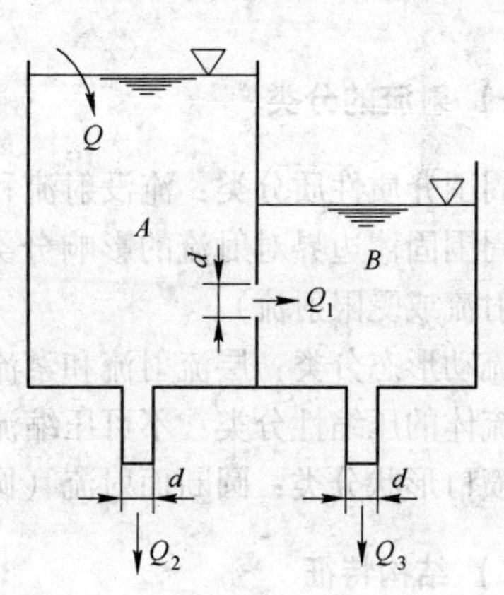

图 5-17　题 5-9 图

第六章　气 体 射 流

一、基本知识点

（一）射流的分类

按周围介质性质分类：淹没射流和非淹没射流。

按周围固体边界对射流的影响分类：自由射流（无限空间射流）和非自由射流（有限空间射流或受限射流）。

按流动形态分类：层流射流和紊流射流。

按流体的压缩性分类：不可压缩流体射流和可压缩流体射流。

按喷口形状分类：圆断面射流（圆形射流）和平面射流（条缝射流）。

（二）结构特征

射流的流动特性结构如图6-1所示。

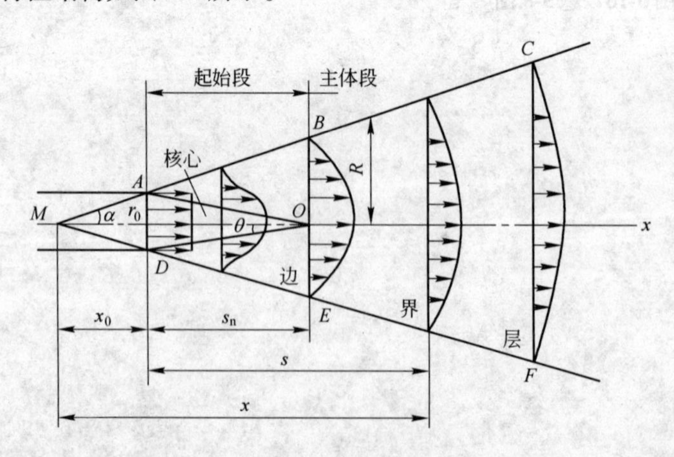

图6-1　射流结构

（1）出口处各处 $u=u_0$，逐渐减小，最后只有轴线上的 $u=u_0$。速度为 u_0 的区域为射流的核心区域。

（2）其余射流区域称边界层。

（3）只有轴线上的 $u=u_0$ 的断面为转折断面或过渡断面。

（4）射流出口距过渡断面的区域为起始段，过渡断面以后为主体段。起始段轴心速度为 u_0，在主体段轴心速度不断降低。

（5）边界上速度为0，边界为两条直线 AB、DE。AB、DE 延长线交于喷嘴内的 M 点。

(6) $\angle AMD$ 的一半为极角 α，又称扩散角 α。

(7) θ 为核心收缩角。

(三) 计算公式

(1) 射流不同断面上参数的计算见表6-1，不同喷嘴的紊流系数 a 和极角 α 见表6-2。

表 6-1　射流参数的计算

段名	参数名称	符号	圆断面射流	平面射流
主体段	扩散角	α	$\tan\alpha = 3.4a$	$\tan\alpha = 2.44a$
	射流直径或半高度	D，b	$\frac{D}{d_0} = 6.8\left(\frac{as}{d_0} + 0.147\right)$	$\frac{b}{b_0} = 2.44\left(\frac{as}{b_0} + 0.41\right)$
	轴心速度	v_m	$\frac{v_m}{v_0} = \frac{0.48}{\frac{as}{d_0} + 0.147}$	$\frac{v_m}{v_0} = \frac{1.2}{\sqrt{\frac{as}{b_0} + 0.41}}$
	流　量	Q_V	$\frac{Q_V}{Q_{V0}} = 4.4\left(\frac{as}{d_0} + 0.147\right)$	$\frac{Q_V}{Q_{V0}} = 1.2\sqrt{\frac{as}{b_0} + 0.41}$
	断面平均流速	v_1	$\frac{v_1}{v_0} = \frac{0.095}{\frac{as}{d_0} + 0.147}$	$\frac{v_1}{v_0} = \frac{0.492}{\sqrt{\frac{as}{b_0} + 0.41}}$
	质量平均流速	v_2	$\frac{v_2}{v_0} = \frac{0.23}{\frac{as}{d_0} + 0.147}$	$\frac{v_2}{v_0} = \frac{0.833}{\sqrt{\frac{as}{b_0} + 0.41}}$
起始段	流　量	Q_V	$\frac{Q_V}{Q_{V0}} = 1 + 0.76\frac{as}{r_0} + 1.32\left(\frac{as}{r_0}\right)^2$	$\frac{Q_V}{Q_{V0}} = 1 + 0.43\frac{as}{b_0}$
	断面平均流速	v_1	$\frac{v_1}{v_0} = \frac{1 + 0.76\frac{as}{r_0} + 1.32\left(\frac{as}{r_0}\right)^2}{1 + 6.8\frac{as}{r_0} + 11.56\left(\frac{as}{r_0}\right)^2}$	$\frac{v_1}{v_0} = \frac{1 + 0.43\frac{as}{b_0}}{1 + 2.44\frac{as}{b_0}}$
	质量平均流速	v_2	$\frac{v_2}{v_0} = \frac{1}{1 + 0.76\frac{as}{r_0} + 1.32\left(\frac{as}{r_0}\right)^2}$	$\frac{v_2}{r_0} = \frac{1}{1 + 0.43\frac{as}{b_0}}$
	核心长度	s_n	$s_n = 0.672\frac{r_0}{a}$	$s_n = 1.03\frac{b_0}{a}$
	喷嘴至极点距离	x_0	$x_0 = 0.294\frac{r_0}{a}$	$x_0 = 0.41\frac{b_0}{a}$
	收缩角	θ	$\tan\theta = 1.49a$	$\tan\theta = 0.97a$

表 6-2　紊流系数和极角

喷嘴种类	a	2α	喷嘴种类	a	2α
带有收缩口的喷嘴	0.066 0.071	25°20′ 27°10′	带金属网格的轴流风机	0.24	78°40′
圆柱形管	0.076 0.08	29°00′	收缩极好的平面喷口	0.108	29°30′
			平面壁上锐缘狭缝	0.118	32°10′
带有导风板的轴流式通风机带导流板的直角弯管	0.12 0.20	44°30′ 68°30′	具有导叶且加工磨圆边口的风道上纵向缝	0.155	41°20′

（2）射流某一断面上流速的计算。使用下面的半经验公式（6-1）可以计算出射流某一断面上的流速。但是在主体段和起始段，各符号表示的意义有所不同，需区分（见表6-3）。

$$\frac{v}{v_m}=\left[1-\left(\frac{y}{R}\right)^{1.5}\right]^2 \tag{6-1}$$

$$\frac{y}{R}=\eta$$

$$\frac{v}{v_m}=(1-\eta^{1.5})^2$$

表6-3　半经验公式中各符号的意义

符　号	主体段（见图6-2a）	起始段（见图6-2b）
y	任意一点到轴心的距离	截面上任意点到核心区边界的距离
R	射流半径	同截面上边界层的厚度
v	y 点上的速度	截面上边界层中 y 点的速度
v_m	轴心速度	核心速度 v_0

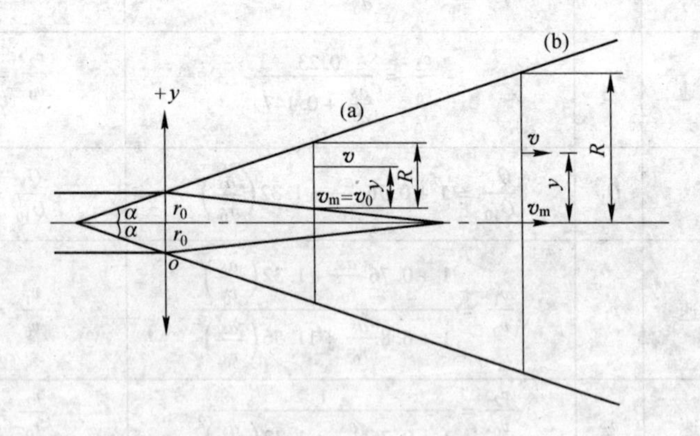

图6-2　流速分布的距离规定

利用本节所述公式可以计算射流任意断面的参数和某一断面不同位置的速度。计算时，先计算核心区长度，然后判断所计算断面属于起始段还是主体段，再使用相应公式进行计算。

（四）温差和浓差射流

温差、浓差射流是由于射流流体密度与周围介质密度不同，所受的重力和浮力不同，重力和浮力不相平衡，导致整个射流发生向下或向上的弯曲，整个射流仍沿中心线对称，如图6-3所示。

轨迹偏离值 y' 随 s 的变化规律：

$$y'=\frac{g\Delta T_0}{v_0^2 T_e}\left(0.51\frac{a}{2r_0}s^3+0.35s^2\right)$$

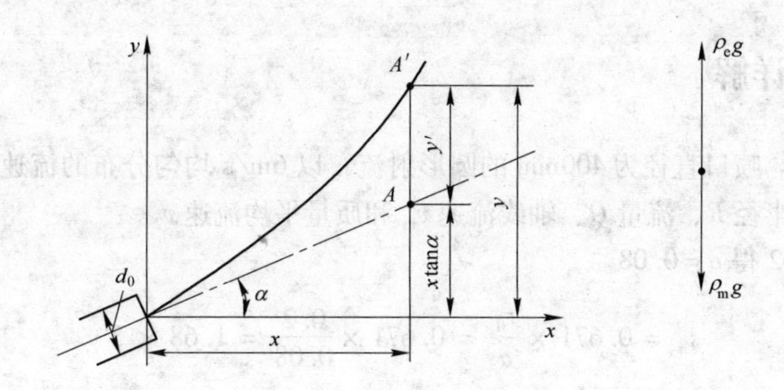

图 6-3　射流轨迹弯曲

无因次轴线轨迹方程：

$$\frac{y}{d_0} = \frac{x}{d_0}\tan\alpha + Ar\left(\frac{x}{d_0\cos\alpha}\right)^2\left(0.51\frac{ax}{d_0\cos\alpha} + 0.35\right)$$

式中　s——射程，喷嘴轴线上的点到喷口断面的距离；

x——水平坐标；

y'——轴线偏离值；

y——温差射流轴线上的点到水平轴的距离；

Ar——阿基米德准数，$Ar = \dfrac{gd_0\Delta T_0}{v_0^2 T_e}$；

T_e——周围气体的温度；

ΔT_0——出口断面温差。

对于平面射流，有：

$$\frac{\bar{y}}{Ar}\cdot\sqrt{\frac{T_e}{T_0}} = \frac{0.226}{a^2}(a\bar{x} + 0.205)^{5/2}$$

$$\bar{y} = \frac{y}{2b_0},\quad \bar{x} = \frac{x}{2b_0}$$

二、难点

气体射流和气体孔口出流所研究的对象有何不同?

气体孔口出流研究出流后的流速和流量；而气体射流研究出流后的速度场、温度场、浓度场的变化规律。

温差、浓差射流的计算公式与等密度射流的计算公式有什么不同?

温差射流或浓差射流由于密度与周围介质不同，所受重力和浮力不相平衡，整个射流发生向下或向上弯曲。温差和浓差射流中主要研究整个流场中温度的分布和浓度的分布以及轴心线的弯曲轨迹。

三、习题详解

【习题 6-1】 喷口直径为 400mm 的圆形射流，以 6m/s 均匀分布的流速射出，求离喷口 3m 处射流的半径 R、流量 Q、轴线流速 v_m 和质量平均流速 v_2。

解：查表 6-2 得 $a=0.08$。

$$s_n = 0.671 \times \frac{r_0}{a} = 0.671 \times \frac{0.2}{0.08} = 1.68 < 3$$

离喷口 3m 处在主体段。

$$\frac{D}{d_0} = 6.8 \times \left(\frac{as}{d_0} + 0.147\right) = 6.8 \times \left(\frac{0.08 \times 3}{0.4} + 0.147\right) = 5.0796$$

$$R = \frac{1}{2}D = \frac{1}{2} \times 5.0796 \times 0.4 = 1.016\text{m}$$

$$Q_{V0} = v_0 A_0 = v_0 \cdot \frac{\pi}{4}d_0^2 = 6 \times \frac{\pi}{4} \times 0.4^2 = 0.754\text{m}^3/\text{s}$$

$$\frac{Q_V}{Q_{V0}} = 4.4\left(\frac{as}{d_0} + 0.147\right) = 4.4 \times \left(\frac{0.08 \times 3}{0.4} + 0.147\right) = 3.287$$

$$Q_V = 3.287 Q_{V0} = 3.287 \times 0.754 = 2.478\text{m}^3/\text{s}$$

$$\frac{v_m}{v_0} = \frac{0.48}{\frac{as}{d_0} + 0.147} = \frac{0.48}{\frac{0.08 \times 3}{0.4} + 0.147} = 0.643$$

$$v_m = 0.643 v_0 = 0.643 \times 6 = 3.858\text{m/s}$$

$$\frac{v_2}{v_0} = \frac{0.23}{\frac{as}{d_0} + 0.147} = \frac{0.23}{\frac{0.08 \times 3}{0.4} + 0.147} = 0.308$$

$$v_2 = 0.308 v_0 = 0.308 \times 6 = 1.847\text{m/s}$$

【习题 6-2】 圆形射流喷口半径 $R_0=200\text{mm}$，今要求射程 12m 处距轴线 $y=1.5\text{m}$ 的地方流速 v 为 3m/s，求喷口流量 Q_{V0}。

解：查表 6-2 得 $a=0.08$。

$$s_n = 0.671 \times \frac{R_0}{a} = 0.671 \times \frac{0.2}{0.08}$$

$$= 1.68 < 12\text{m}$$

射程 12m 处为射流主体段。

$$\frac{R}{R_0}=3.4\left(\frac{as}{R_0}+0.294\right)=3.4\left(\frac{0.08\times 12}{0.2}+0.294\right)=17.32$$

$$R=17.32R_0=17.32\times 0.2=3.46\text{m}$$

$$\frac{v}{v_{\text{m}}}=\left[1-\left(\frac{y}{R}\right)^{1.5}\right]^2=\left[1-\left(\frac{1.5}{3.46}\right)^{1.5}\right]^2=0.511$$

$$v_{\text{m}}=\frac{v}{0.511}=\frac{3}{0.511}=5.871\text{m/s}$$

$$\frac{v_{\text{m}}}{v_0}=\frac{0.965}{\frac{as}{R_0}+0.294}=\frac{0.965}{\frac{0.08\times 12}{0.2}+0.294}=0.189$$

$$v_0=\frac{v_{\text{m}}}{0.189}=\frac{5.871}{0.189}=31.063\text{m/s}$$

$$Q_{V0}=v_0\pi R_0^2=31.063\times 3.14\times 0.2^2=3.902\text{m}^3/\text{s}$$

【习题6-3】 用一平面射流将清洁空气喷入有害气体密度 $x_{\text{e}}=0.05\text{mg/L}$ 的环境中，工作地点允许轴线浓度为0.02mg/L，并要求射流宽度不小于1.5m，求喷口宽度及喷口至工作地点的距离，设紊流系数 $a=0.118$。

注：$\frac{\Delta x_{\text{m}}}{\Delta x_0}=\frac{0.833}{\sqrt{\frac{as}{b_0}+0.41}}$。

解： 设计算断面位于主体段内：

$$\frac{b}{b_0}=2.44\left(\frac{as}{b_0}+0.41\right)$$

$$b=\frac{1.5}{2}=0.75\text{m}$$

则
$$\frac{0.307}{b_0}=\frac{as}{b_0}+0.41 \tag{6-2}$$

又
$$\Delta x_{\text{m}}=x_{\text{m}}-x_{\text{e}}=0.02-0.05=-0.03$$

$$\Delta x_0=x_0-x_{\text{e}}=0-0.05=-0.05$$

$$\frac{\Delta x_{\text{m}}}{\Delta x_0}=\frac{-0.03}{-0.05}=\frac{3}{5}=\frac{1.032}{\sqrt{\frac{as}{b_0}+0.41}}$$

解得：
$$2.958=\frac{as}{b_0}+0.41 \tag{6-3}$$

由式（6-2）和式（6-3）得出 $b_0=0.104\text{m}$，将此结果代入式（6-3）得 $s=2.246\text{m}$。

校核：
$$s_n = 1.03\frac{b_0}{a} = 1.03 \times \frac{0.104}{0.118} = 0.908\text{m}$$

$s > s_n$ 在主体段内，假设正确。

【习题 6-4】 用轴流风机水平送风，风机出口直径 $d_0 = 600\text{mm}$，出口风速 10m/s，求距出口 10m 处的轴心速度和风量。

解： 已知带有导流风板的轴流式通风机 $a = 0.12$，则

$$\frac{v_m}{v_0} = \frac{0.48}{\frac{as}{d_0} + 0.147} = \frac{0.48}{\frac{0.12 \times 10}{0.6} + 0.147} = 0.225$$

$$v_m = 0.225v_0 = 0.225 \times 10 = 2.25\text{m/s}$$

$$\frac{Q_V}{Q_{V0}} = 4.4\left(\frac{as}{d_0} + 0.147\right) = 4.4 \times 2.147 = 9.45$$

$$Q_V = 9.45Q_{V0} = 9.45 \times \frac{\pi}{4}d_0^2 v_0 = 9.45 \times \frac{\pi}{4} \times (0.6)^2 \times 10 = 26.7\text{m}^3/\text{s}$$

【习题 6-5】 已知空气淋浴地带要求射流半径为 1.2m，质量平均流速 $v_2 = 3\text{m/s}$。圆形喷嘴直径为 0.3m。求：

（1）喷口至工作地带的距离 s；

（2）喷嘴流量。

解： 已知圆柱形喷管的紊流系数 $a = 0.08$。

（1）求 s。

$$\frac{R}{r_0} = 3.4\left(\frac{as}{r_0} + 0.294\right)$$

$$\frac{R}{r_0} = \frac{1.2}{0.15} = 3.4\left(\frac{0.08}{0.15}s + 0.294\right)$$

$$s = 3.86\text{m}$$

（2）求喷嘴流量。首先要确定该断面处于哪个射流区域。

先求核心长度 s_n。

$$s_n = 0.671\frac{r_0}{a} = 0.671 \times \frac{0.15}{0.08} = 1.26\text{m} < s$$

所求截面在主体段内。

应用主体段质量平均流速公式求得出口流速 v_0 后再求流量 Q_{V0}。

$$\frac{v_2}{v_0} = \frac{0.4545}{\frac{as}{d_0} + 0.294} = \frac{0.4545}{\frac{0.08 \times 3.86}{0.15} + 0.147} = 0.193$$

$$v_0 = \frac{v_2}{0.193} = \frac{3}{0.193} = 15.5\text{m/s}$$

$$Q_{V0} = v_0 \cdot \frac{\pi}{4} d_0^2 = 0.785 \times (0.3)^2 \times 15.5 = 1.095 \text{m}^3/\text{s}$$

【习题 6-6】 工作地点质量平均风速要求 3m/s，工作面直径 $D=2.5$m，送风温度为 15℃，车间空气温度 30℃，要求工作地点的质量平均温度降到 25℃，采用带导叶的轴流风机，其紊流系数 $a=0.12$。求：

(1) 风口的直径及速度；

(2) 风口到工作面的距离。

解： 温差 $\Delta T_0 = 15-30 = -15$℃，$\Delta T_2 = 25-30 = -5$℃。

$$\frac{\Delta T_2}{\Delta T_0} = \frac{0.23}{\frac{as}{d_0} + 0.147} = \frac{-5}{-15} = \frac{1}{3}$$

求出 $\frac{as}{d_0} + 0.147 = 0.23 \times 3 = 0.69$ 代入下式：

$$\frac{D}{d_0} = 6.8 \times \left(\frac{as}{d_0} + 0.147\right) = 6.8 \times 0.69 = 4.692$$

所以
$$d_0 = \frac{D}{4.692} = \frac{2.5}{4.692} = 0.525\text{m}$$

工作地点质量平均流速要求为 3m/s，因为

$$\frac{v_2}{v_0} = \frac{0.23}{\frac{as}{d_0} + 0.147} = \frac{1}{3}$$

所以
$$v_0 = 9\text{m/s}$$

风口到工作面距离可用下式求出：

$$\frac{as}{d_0} + 0.147 = 0.69$$

$$s = 2.43\text{m}$$

【习题 6-7】 室外空气以射流方式，由位于热车间墙上离地板 7.0m 处的孔口送入。孔口高 0.35m，长 12m。室外空气温度为 −10℃，室内空气温度为 20℃，射流初速度为 2m/s，求地板上的温度。

解： 紊流系数 a 取 0.12。

$$\bar{y} = \frac{y}{2b_0} = \frac{7.0}{0.35} = 20$$

$$Ar = \frac{g(2b_0)\Delta T_0}{v_0^2 T_e} = \frac{9.8 \times 0.35 \times (-10-20)}{2^2 \times (273+20)} = \frac{103}{1170} = 0.088$$

$$\sqrt{\frac{T_e}{T_0}} = \frac{\sqrt{(273+20)}}{\sqrt{(273-10)}} = \sqrt{\frac{293}{263}}$$

$$\frac{\bar{y}}{Ar}\cdot\sqrt{\frac{T_e}{T_0}}=\frac{20}{0.088}\times\sqrt{\frac{293}{263}}=220$$

根据 $$\frac{\bar{y}}{Ar}\cdot\sqrt{\frac{T_e}{T_0}}=\frac{0.226}{a^2}(a\bar{x}+0.205)^{5/2}$$

计算求出 $\bar{x}=23$，则

$$\frac{x}{2b_0}=23$$

$$\frac{x}{b_0}=46$$

用轴心温差公式，有：

$$\frac{\Delta T_m}{\Delta T_0}=\frac{1.032}{\sqrt{\frac{ax}{b_0}+0.41}}=\frac{1.032}{\sqrt{0.12\times 46+0.41}}=\frac{1032}{\sqrt{5.93}}=0.425$$

$$\frac{T-T_e}{T_0-T_e}=\frac{t-20}{-10-20}=0.425$$

$$t=7.3℃$$

四、练习题

6-1 何谓质量平均流速 v_2？为何要引入这一流速？

6-2 射流以 $Q_{V0}=0.55\text{m}^3/\text{s}$ 的流量，从 $d_0=0.3\text{m}$ 喷嘴流出，试求 2.1m 处射流截面半径 R、轴心速度 v_m、断面质量平均流速 v_2，并进行比较。（答案：$R=0.72\text{m}$；$v_m=5.32\text{m/s}$；$v_2=1.05\text{m/s}$；$v_2=2.53\text{m/s}$）

6-3 向操作岗位送风，送风口向下，距地面 4m。要求在工作区（距地 1.5m 高范围内）造成直径为 1.5m 的射流断面，限定轴心速度为 2m/s。求喷嘴直径及出口流量。（答案：$d_0=0.14\text{m}$；$Q_{V0}=0.1\text{m}^3/\text{s}$）

6-4 今有一收缩均匀的矩形风口，截面均为 $(0.05\times 2)\text{m}^2$，出口流速为 10m/s。求距孔口 2.0m 处的射流轴心速度 v_m、质量平均流速 v_2 及流量 Q_V。（答案：$v_m=3.99\text{m/s}$；$v_2=2.77\text{m/s}$；$Q_V=3.61\text{m}^3/\text{s}$）

6-5 空气以 6m/s 的速度从圆管喷出，d_0 为 0.2m。求距出口 1.5m 处的 v_m、v_2 及 D。（答案：$v_m=3.86\text{m/s}$；$v_2=1.85\text{m/s}$；$D=1\text{m}$）

6-6 圆形射流的喷口半径为 200mm，喷口处流速分布均匀，今要求射程 10m 处在直径为 2m 的圆截面范围内流速不小于 2m/s，求喷嘴流量及射程 10m 处截面的质量平均流速。（答案：$Q_{V0}=1.75\text{m}^3/\text{s}$；$v_2=1.47\text{m/s}$）

6-7 某体育馆圆形送风口的直径 $D_0=500\text{mm}$，今要求乒乓球比赛时风速不大于 0.3m/s，风口距比赛区 35m。问乒乓球比赛时出口风量不得超过多少？设出口流速近似均匀分布。（$Q_{V0}=0.705\text{m}^3/\text{s}$）

6-8 室外空气经过墙壁上 $H=5\text{m}$ 处的圆形孔口（$d_0=0.4\text{m}$）水平地射入室内，室外温度 $T_0=5℃$，室内温度 $T_e=35℃$，孔口处流速 $v_0=5\text{m/s}$，紊流系数 $a=0.1$。求距出口 6m 处质量平均温度和射流轴线垂距 y。

注：$\dfrac{\Delta T_2}{\Delta T_0}=\dfrac{0.4545}{\dfrac{as}{r}+0.294}$；$\dfrac{y}{d_0}=\dfrac{x}{d_0}\tan\alpha+Ar\left(\dfrac{x}{d_0\cos\alpha}\right)^2\left(0.51\dfrac{ax}{\cos\alpha}+0.35\right)$。

（答案：$\Delta T_2=30.86℃$；$y=-1.54\text{m}$）

第七章 不可压缩流体动力学基础

一、基本知识点

（一）流体微团运动分析

刚体运动{平移运动、旋转运动}　　流体{平移运动、变形运动{线变形、角变形}、旋转运动}

（1）平移运动，中心点速度。

（2）线变形速度。

$$\varepsilon_{xx} = \frac{\partial u_x}{\partial x};\quad \varepsilon_{yy} = \frac{\partial u_y}{\partial y};\quad \varepsilon_{zz} = \frac{\partial u_z}{\partial z}$$

（3）旋转运动。

$$w_z = \frac{1}{2}\left(\frac{\partial u_y}{\partial x} - \frac{\partial u_x}{\partial y}\right);\quad w_y = \frac{1}{2}\left(\frac{\partial u_x}{\partial z} - \frac{\partial u_z}{\partial x}\right);\quad w_x = \frac{1}{2}\left(\frac{\partial u_z}{\partial y} - \frac{\partial u_y}{\partial z}\right)$$

（4）角变形速度。

$$\begin{cases} \varepsilon_{xy} = \varepsilon_{yx} = \dfrac{1}{2}\left(\dfrac{\partial u_y}{\partial x} + \dfrac{\partial u_x}{\partial y}\right) \\ \varepsilon_{xz} = \varepsilon_{zx} = \dfrac{1}{2}\left(\dfrac{\partial u_x}{\partial z} + \dfrac{\partial u_z}{\partial x}\right) \\ \varepsilon_{yz} = \varepsilon_{zy} = \dfrac{1}{2}\left(\dfrac{\partial u_z}{\partial y} + \dfrac{\partial u_y}{\partial z}\right) \end{cases}$$

质点运动速度可表示为：

$$\begin{cases} u_x = u_{x_0} - w_z dy + w_y dz + \varepsilon_{xx} dx + \varepsilon_{xy} dy + \varepsilon_{xz} dz \\ u_y = u_{y_0} - w_x dz + w_z dx + \varepsilon_{yy} dy + \varepsilon_{yz} dz + \varepsilon_{yx} dx \\ u_z = \underset{\text{平移}}{u_{z_0}} \underbrace{- w_y dx + w_x dy}_{\text{旋转角速度}} + \underset{\text{线变形}}{\varepsilon_{zz} dz} + \underbrace{\varepsilon_{zx} dx + \varepsilon_{zy} dy}_{\text{角变形}} \end{cases}$$

（二）涡量、涡线、涡通量

（1）涡量。

$$\boldsymbol{\Omega} = 2\boldsymbol{\omega} = \Omega_x \boldsymbol{i} + \Omega_y \boldsymbol{j} + \Omega_z \boldsymbol{k}$$

其中 Ω_x、Ω_y 和 Ω_z 是涡量 $\boldsymbol{\Omega}$ 在 x、y、z 坐标上的投影。其定义为：

$$\left.\begin{aligned}\Omega_x &= \frac{\partial u_z}{\partial y} - \frac{\partial u_y}{\partial z}\\ \Omega_y &= \frac{\partial u_x}{\partial z} - \frac{\partial u_z}{\partial x}\\ \Omega_z &= \frac{\partial u_y}{\partial x} - \frac{\partial u_x}{\partial y}\end{aligned}\right\}$$

（2）涡线的连续性方程。

$$\frac{dx}{\omega_x} = \frac{dy}{\omega_y} = \frac{dz}{\omega_z}$$

（3）涡通量。

$$\begin{aligned}J &= \int_A \boldsymbol{\Omega} \cdot d\boldsymbol{A} = \int_A \Omega_n dA\\ &= \int_A \Omega_x dydz + \Omega_y dzdx + \Omega_z dxdy\end{aligned}$$

（三）不可压缩流体连续性方程

$$\frac{\partial u_x}{\partial x} + \frac{\partial u_y}{\partial y} + \frac{\partial u_z}{\partial z} = 0$$

当为一元流动时，$\frac{dQ_V}{dx} = 0$。

（四）以应力表示的黏性流体运动微分方程

$$\begin{cases}X + \dfrac{1}{\rho}\dfrac{\partial p_{xx}}{\partial x} + \dfrac{1}{\rho}\left(\dfrac{\partial \tau_{yx}}{\partial y} + \dfrac{\partial \tau_{zx}}{\partial z}\right) = \dfrac{du_x}{dt}\\ Y + \dfrac{1}{\rho}\dfrac{\partial p_{yy}}{\partial y} + \dfrac{1}{\rho}\left(\dfrac{\partial \tau_{zy}}{\partial z} + \dfrac{\partial \tau_{xy}}{\partial x}\right) = \dfrac{du_y}{dt}\\ Z + \dfrac{1}{\rho}\dfrac{\partial p_{zz}}{\partial z} + \dfrac{1}{\rho}\left(\dfrac{\partial \tau_{yz}}{\partial y} + \dfrac{\partial \tau_{xz}}{\partial x}\right) = \dfrac{du_z}{dt}\end{cases}$$

（五）纳维-斯托克斯方程（N-S 方程）

运用切应力与角变形速度，法向应力与线变形速度的关系得到纳维-斯托克斯方程：

$$X - \frac{1}{\rho}\frac{\partial p}{\partial x} + \nu\left(\frac{\partial^2 u_x}{\partial x^2} + \frac{\partial^2 u_x}{\partial y^2} + \frac{\partial^2 u_x}{\partial z^2}\right) = \frac{du_x}{dt}$$

$$Y - \frac{1}{\rho}\frac{\partial p}{\partial y} + \nu\left(\frac{\partial^2 u_y}{\partial x^2} + \frac{\partial^2 u_y}{\partial y^2} + \frac{\partial^2 u_y}{\partial z^2}\right) = \frac{du_y}{dt}$$

$$Z - \frac{1}{\rho}\frac{\partial p}{\partial z} + \nu\left(\frac{\partial^2 u_z}{\partial x^2} + \frac{\partial^2 u_z}{\partial y^2} + \frac{\partial^2 u_z}{\partial z^2}\right) = \frac{du_z}{dt}$$

（六）满足理想流体恒定能量方程的情况

（1）$u_x=u_y=u_z=0$，流体静止，$z+\dfrac{p}{\rho g}=\text{const}$。

（2）$\dfrac{dx}{u_x}=\dfrac{dy}{u_y}=\dfrac{dz}{u_z}$，流线方程。

（3）$\omega_x=\omega_y=\omega_z=0$，无旋流动。

（4）$\dfrac{dx}{\omega_x}=\dfrac{dy}{\omega_y}=\dfrac{dz}{\omega_z}$，涡线方程。

有旋流动流场中的一系列曲线，线上的流体质点，以此线为轴而旋转。

二、难点

均匀流的定义。

流场内每一个流体质点流速的大小、方向在流动过程中保持不变的流动称为均匀流。同一过流断面，不同质点流速的大小可以不同，流线是平行的直线，过流断面是平面，不同断面上的流速分布相同。

有旋运动和无旋运动。

按流场中每一个流体微元是否旋转可以将流动分为有旋运动和无旋运动。当旋转角速度为0时为无旋运动，否则为有旋运动。无旋流动为有势流动。流体做有旋运动或无旋运动仅取决于每个流体微元本身是否旋转，与整个流体运动和流体微元运动的轨迹无关。

三、习题详解

【习题7-2】 已知平面流场内的速度分布为 $u_x=x^2+xy$，$u_y=2xy^2+5y$。求在点(1，-1)处流体微团的线变形速度、角变形速度和旋转角速度。

解： 点（1，-1）处微团的线变形速度为：

$$\varepsilon_{xx}=\frac{\partial u_x}{\partial x}=2x+y=1$$

$$\varepsilon_{yy}=\frac{\partial u_y}{\partial y}=4xy+5=1$$

$$\varepsilon_{zz}=\frac{\partial u_z}{\partial z}=0$$

角变形速度为：

$$\omega_x=\frac{1}{2}\left(\frac{\partial u_z}{\partial y}-\frac{\partial u_y}{\partial z}\right)=0$$

$$\omega_y=\frac{1}{2}\left(\frac{\partial u_x}{\partial z}-\frac{\partial u_z}{\partial x}\right)=0$$

$$\omega_z = \frac{1}{2}\left(\frac{\partial u_y}{\partial x} - \frac{\partial u_x}{\partial y}\right) = \frac{1}{2}(2y^2 - x) = \frac{1}{2}$$

旋转角速度为：

$$\varepsilon_{xy} = \frac{1}{2}\left(\frac{\partial u_y}{\partial x} + \frac{\partial u_x}{\partial y}\right) = \frac{1}{2}(2y^2 + x) = \frac{3}{2}$$

$$\varepsilon_{xz} = \frac{1}{2}\left(\frac{\partial u_x}{\partial z} + \frac{\partial u_z}{\partial x}\right) = 0$$

$$\varepsilon_{yz} = \frac{1}{2}\left(\frac{\partial u_z}{\partial y} + \frac{\partial u_y}{\partial z}\right) = 0$$

【习题7-3】 已知有旋流动的速度场为 $u_x = 2y + 3z$， $u_y = 2z + 3x$， $u_z = 2x + 3y$。试求旋转角速度、角变形速度和涡线方程。

解：旋转角速度为：

$$\omega_x = \frac{1}{2}\left(\frac{\partial u_z}{\partial y} - \frac{\partial u_y}{\partial z}\right) = \frac{1}{2}(3 - 2) = 1$$

$$\omega_y = \frac{1}{2}\left(\frac{\partial u_x}{\partial z} - \frac{\partial u_z}{\partial x}\right) = \frac{1}{2}(3 - 2) = 1$$

$$\omega_z = \frac{1}{2}\left(\frac{\partial u_y}{\partial x} - \frac{\partial u_x}{\partial y}\right) = \frac{1}{2}(3 - 2) = 1$$

角变形速度为：

$$\varepsilon_{xy} = \frac{1}{2}\left(\frac{\partial u_y}{\partial x} + \frac{\partial u_x}{\partial y}\right) = \frac{1}{2}(3 + 2) = \frac{5}{2}$$

$$\varepsilon_{xz} = \frac{1}{2}\left(\frac{\partial u_x}{\partial z} + \frac{\partial u_z}{\partial x}\right) = \frac{1}{2}(3 + 2) = \frac{5}{2}$$

$$\varepsilon_{yz} = \frac{1}{2}\left(\frac{\partial u_z}{\partial y} + \frac{\partial u_y}{\partial z}\right) = \frac{1}{2}(3 + 2) = \frac{5}{2}$$

涡线方程为：

$$\mathrm{d}x = \mathrm{d}y = \mathrm{d}z$$

$$y = x + C_1; \quad z = x + C_1$$

C_1 和 C_2 为积分常数。

【习题7-4】 已知流场的速度分布为 $u_x = x^2 y, u_y = -3y, u_z = 2z^2$。求（3，1，2）点上流体质点的加速度。

解：质点的加速度为：

$$\frac{\mathrm{d}u_x}{\mathrm{d}t} = \frac{\partial u_x}{\partial t} + u_x \frac{\partial u_x}{\partial x} + u_y \frac{\partial u_x}{\partial y} + u_z \frac{\partial u_x}{\partial z}$$

$$= 0 + x^2 y \cdot 2xy + (-3y) \cdot x^2 + 0$$

$$= 2x^3 y^2 - 3x^2 y$$

$$= 27$$

$$\frac{\mathrm{d}u_y}{\mathrm{d}t}=\frac{\partial u_y}{\partial t}+u_x\frac{\partial u_y}{\partial x}+u_y\frac{\partial u_y}{\partial y}+u_z\frac{\partial u_y}{\partial z}$$

$$=0+x^2y\times0+(-3y)\times(-3)+0$$

$$=9y$$

$$=29$$

$$\frac{\mathrm{d}u_z}{\mathrm{d}t}=\frac{\partial u_x}{\partial t}+u_x\frac{\partial u_z}{\partial x}+u_y\frac{\partial u_z}{\partial y}+u_z\frac{\partial u_z}{\partial z}$$

$$=0+x^2y\times0+(-3y)\times0+2z^2\cdot4z$$

$$=8z^3$$

$$=64$$

【习题 7-5】 已知平面流场的速度分布为 $u_x=4t-\frac{2y}{x^2+y^2}$, $u_y=\frac{2x}{x^2+y^2}$。求 $t=0$ 时，在（1，1）点上流体质点的加速度。

解： 质点加速度为：

$$\frac{\mathrm{d}u_x}{\mathrm{d}t}=\frac{\partial u_x}{\partial t}+u_x\frac{\partial u_x}{\partial x}+u_y\frac{\partial u_x}{\partial y}$$

$$=4+\left(4t-\frac{2y}{x^2+y^2}\right)\left[\frac{4xy}{(x^2+y^2)^2}\right]+\frac{2x}{x^2+y^2}\left[-\frac{2(x^2+y^2)-4y^2}{(x^2+y^2)^2}\right]$$

$$\frac{\mathrm{d}u_y}{\mathrm{d}t}=\frac{\partial u_y}{\partial t}+u_x\frac{\partial u_y}{\partial x}+u_y\frac{\partial u_y}{\partial y}$$

$$=\left(4t-\frac{2y}{x^2+y^2}\right)\left[-\frac{2(x^2+y^2)-4x^2}{(x^2+y^2)^2}\right]+\frac{2x}{x^2+y^2}\left[-\frac{4xy}{(x^2+y^2)^2}\right]$$

当 $t=0$、$x=1$、$y=1$ 时，有：

$$\frac{\mathrm{d}u_x}{\mathrm{d}t}=4+\left(-\frac{2\times1}{1+1}\right)\left[\frac{41}{(1+1)^2}\right]+\frac{2}{1+1}\left[-\frac{2(1+1)-4}{(1+1)^2}\right]=3$$

$$\frac{\mathrm{d}u_y}{\mathrm{d}t}=\left(-\frac{2}{1+1}\right)\left[-\frac{2(1+1)-4}{(1+1)^2}\right]+\frac{2}{1+1}\left[-\frac{4}{(1+1)^2}\right]=-1$$

四、练习题

7-1 某流速场可表示为 $\begin{cases}u_x=x+t\\u_y=-y+t\\u_z=0\end{cases}$，试求：（1）加速度；（2）流线；（3）$t=0$ 时通过 $x=-1$、$y=1$ 点的流线；（4）该速度场是否满足不可压缩流体的连续性方程。（答案：（1）$\boldsymbol{a}=(1+x+t)\boldsymbol{i}+(1+y-t)\boldsymbol{j}$；(2) $(x+t)(y-t)=C_2$；(3) $xy=-1$（二次曲线）；（4）满足）

7-2　已知流速场 $\begin{cases} u = x + t \\ v = ty \\ w = xz \end{cases}$，求：（1）加速度场；（2）原点和（1，1，1）点的加速度。

$\left(答案:(1)\begin{cases} a_x = x + t + 1 \\ a_y = (t^2 + 1)y \\ a_z = (x^2 + x + t)z \end{cases};(2)\ 原点 \begin{cases} a_x = t + 1 \\ a_y = 0 \\ a_z = 0 \end{cases},(1,\ 1,\ 1)\ 处 \begin{cases} a_x = t + 2 \\ a_y = t^2 + 1 \\ a_z = t + 2 \end{cases} \right)$

7-3　试确定下列各流场中的速度分布是否满足不可压缩流体的连续性条件（式中 k 为常数）：

(1) $v_x = kx, v_y = ky$。

(2) $v_x = 2xy + x, v_y = x^2 - y^2 - y$。

(答案：(1) 不满足；(2) 满足)

7-4　设流速场为 $\boldsymbol{u} = (y+2z)\boldsymbol{i} + (z+2x)\boldsymbol{j} + (x+2y)\boldsymbol{k}$，求涡线方程。若涡管断面面积 $\mathrm{d}A = 10^{-4}\mathrm{m}^2$，求涡通量 $\mathrm{d}J$。(答案：$x = y + C_1$；$y = z + C_2$；$\mathrm{d}J = 1.73 \times 10^{-4}\mathrm{m}^2/\mathrm{s}$)

7-5　已知不可压缩流体平面流动的速度场为 $\begin{cases} v_x = xt + 2y \\ v_y = xt^2 - yt \end{cases}$，试求：在 $t = 1\mathrm{s}$ 时，点 $A(1, 2)$ 处液体质点的加速度。(答案：$a = 7.21\mathrm{m/s^2}$)

7-6　平面流场内的速度分布为 $\boldsymbol{v} = (x^2 + xy)\boldsymbol{i} + (2xy^2 + 5y)\boldsymbol{j}$，求 $(x,y) = (1,1)$ 点流体微团的旋转角速度、角变形速度。$\left(答案：\omega_z = \frac{1}{2};\ \omega_x = \omega_y = 0;\ \varepsilon_{xy} = \varepsilon_{yx} = \frac{3}{2};\ \varepsilon_{zy} = \varepsilon_{yz} = \varepsilon_{zx} = \varepsilon_{xz} = 0 \right)$

第八章　一元气体动力学基础

一、基本知识点

一元气体动力学基础主要研究可压缩流体的运动规律及实际应用。

（一）几种流动过程的能量方程

理想气体一元恒定流动的微分方程（欧拉运动方程，又称微分形式的伯努利方程）：

$$v\mathrm{d}v + \frac{\mathrm{d}p}{\rho} = 0 \Longrightarrow \mathrm{d}\left(\frac{v^2}{2}\right) + \frac{\mathrm{d}p}{\rho} = 0$$

该方程确定了 p、v、ρ 之间的关系。对不同流动时能量方程的求解主要是将 ρ 的表达式代入欧拉运动方程，并积分求得。

（1）气体一元定容流动：

$$\frac{v^2}{2} + \frac{p}{\rho} = \mathrm{const}$$

（2）气体一元等温流动：

$$RT\ln p + \frac{v^2}{2} = \mathrm{const}$$

（3）气体一元绝热流动：

$$\frac{k}{k-1}\frac{p}{\rho} + \frac{v^2}{2} = \mathrm{const}$$

$$\frac{1}{k-1}\frac{p}{\rho} + \frac{p}{\rho} + \frac{v^2}{2} = \mathrm{const}$$

式中　k——绝热指数，$k = \frac{c_p}{c_v}$，对于空气 $k = 1.4$，干饱和蒸汽 $k = 1.135$，过热蒸汽 $k = 1.33$。

$$U = \frac{1}{k-1}\frac{p}{\rho}$$

式中　U——内能。

$$U + \frac{p}{\rho} + \frac{v^2}{2} = \mathrm{const}$$

$$i = U + \frac{p}{\rho}$$

$i = c_p T$ 代表焓，所以

$$i + \frac{v^2}{2} = \text{const}$$

$$c_p T + \frac{v^2}{2} = \text{const}$$

（4）多变过程（既非绝热，又非等温）：

$$\frac{n}{n-1}\frac{p}{\rho} + \frac{v^2}{2} = \text{const}$$

式中　n——多变指数。

（二）声速、滞止参数、马赫数

（1）声速（音速）。

$$c = \sqrt{\frac{\mathrm{d}p}{\mathrm{d}\rho}} = \sqrt{\frac{E}{\rho}} = \sqrt{\frac{1}{\alpha_p \rho}} = \sqrt{kRT}$$

式中　E——弹性模量，Pa；

　　α_p——压缩系数，Pa^{-1}。

（2）滞止参数。

$$\frac{k}{k-1}\frac{p_0}{\rho_0} = \frac{k}{k-1}\frac{p}{\rho} + \frac{v^2}{2}$$

$$\frac{k}{k-1}RT_0 = \frac{k}{k-1}RT + \frac{v^2}{2}$$

$$i_0 = i + \frac{v^2}{2}$$

$$\frac{c_0^2}{k-1} = \frac{c^2}{k-1} + \frac{v^2}{2}$$

式中，下标0表示滞止参数。

（3）马赫数 Ma。

$$Ma = \frac{v}{c}$$

式中　v——物体或流体在某介质中的速度，m/s；

　　c——指定点某介质中的声速，m/s。

$Ma > 1$：超声速流动；

$Ma < 1$：亚声速流动；

$Ma = 1$：声速流动。

将滞止参数与断面参数的比值表示为 Ma 的函数，如下：

$$\frac{T_0}{T} = 1 + \frac{k-1}{2}Ma^2$$

$$\frac{\rho_0}{\rho}=\left(1+\frac{k-1}{2}Ma^2\right)^{\frac{1}{k-1}}=\left(\frac{T_0}{T}\right)^{\frac{1}{k-1}}$$

$$\frac{p_0}{p}=\left(1+\frac{k-1}{2}Ma^2\right)^{\frac{k}{k-1}}=\left(\frac{T_0}{T}\right)^{\frac{k}{k-1}}$$

$$\frac{c_0}{c}=\left(1+\frac{k-1}{2}Ma^2\right)^{\frac{1}{2}}=\left(\frac{T_0}{T}\right)^{\frac{1}{2}}$$

气体按不可压缩处理的极限 $v<68\text{m/s}$。

（三）气体一元恒定流动的连续性方程

由连续性方程、欧拉方程和声速方程可以推导出：

$$\frac{\mathrm{d}A}{A}=(Ma^2-1)\frac{\mathrm{d}v}{v}$$

$$\frac{\mathrm{d}\rho}{\rho}=-Ma^2\frac{\mathrm{d}v}{v}$$

根据以上两个方程可以得出可压缩气体流动各参数之间的关系，见表 8-1。

表 8-1　超声速与亚声速区别，各参数与 *Ma* 数的变化关系

流动状态	流　向	面积（A）	流速（v）	压力（p）	密度（ρ）	单位面积质量流量（ρv）
亚声速流动 $Ma<1$	（渐扩管）	增　大	减　小	增　大	增　大	减　小
	（渐缩管）	减　小	增　大	减　小	减　小	增　大
超声速流动 $Ma>1$	（渐扩管）	增　大	增　大	减　小	减　小	减　小
	（渐缩管）	减　小	减　小	增　大	增　大	增　大

（四）管路中的流动

（1）等温流动。

$$Q_m=\sqrt{\frac{\mathrm{d}A^2}{RT\lambda l}(p_1^2-p_2^2)}$$

（2）等熵流动。

$$Q_m=\sqrt{\left(p_1^{\frac{k+1}{k}}-p_2^{\frac{k+1}{k}}\right)\frac{k}{k+1}\frac{\rho_1}{p_1^{1/k}}\frac{2\mathrm{d}A^2}{\lambda l}}$$

（五）管路流动的特征

（1）等温过程。由等温过程的方程可得：

$$-\frac{dp}{p}=\frac{dv}{v}=\frac{k\,Ma^2}{1-k\,Ma^2}\cdot\frac{\lambda dl}{2d}$$

由上述方程可以得出以下规律：

1）$l\uparrow\to$摩擦阻力↑。

当$k\,Ma^2<1$时，$1-k\,Ma^2>0$，$l\uparrow$，$v\uparrow$，$p\downarrow$；

当$k\,Ma^2>1$时，$1-k\,Ma^2<0$，$l\uparrow$，$v\downarrow$，$p\uparrow$。

2）虽然当$k\,Ma^2<1$时，沿程阻力沿程增加，使速度增大，但由于$1-k\,Ma^2$不能为0，故v不能无限增大，管路出口处有$Ma\leqslant\sqrt{\frac{1}{R}}$。

3）在$Ma=\sqrt{\frac{1}{R}}$处求得的管长l为等温流动最大管长。若$l'>l$，则进口断面流速受阻滞。

（2）等熵过程。由等熵过程的方程可得：

$$-\frac{dp}{p}=k\frac{dv}{v}=\frac{k\,Ma^2}{1-k\,Ma^2}\cdot\frac{\lambda dl}{2d}$$

由上述方程可以得出以下规律：

1）$l\uparrow$，沿程阻力↑。

当$Ma<1$时，$1-Ma^2>0$，$l\uparrow$，$v\uparrow$，$p\downarrow$；

当$Ma>1$时，$1-Ma^2<0$，$l\uparrow$，$v\downarrow$，$p\uparrow$。

2）当$Ma<1$时，$l\uparrow$，$v\uparrow$，但不能无限增大，$Ma\leqslant1$。

3）在$Ma=1$处求得的管长l是绝热流动的最大管长，若超过该管长l，进口断面流速受阻滞。

二、难点

滞止状态和临界状态。

气体的滞止状态是指气体某断面流速，设想以无摩擦绝热过程降至零时的热力学状态，参数用下标0表示。滞止参数是描述可压缩流体的参数。在实际流动中可能出现也可能不出现。滞止参数的物理意义是用一根小管将某点的气流等熵地引至一个容器中，则容器内的压强、温度就是气流中该点的滞止压强p_0和滞止温度T_0。在气体绕流中存在速度为零的点，该点为驻点。驻点处气流的流动参数为临界参数。

临界状态是指速度v与当地声速c相等的点的热力学状态，以下标k表示。在拉伐尔喷管出口断面上的参数为临界参数。临界状态时马赫数为1。在某断面参数与各参数之间的关系式中，设马赫数等于1，则可以得到临界参数与滞止参数之间的关系。

马赫角。

如图8-1所示，在超声速流场中，微弱扰动波在4s末，由于$v>c$，所以，扰动波不仅不能逆流向上游传播，反而被气流带向扰动源的下游，所有扰动波面是自O点出发的圆锥面内的一系列内切球面，这个圆锥面称为马赫锥。随着时间的延续，球面扰动波不断向外扩大，但也只能在马赫锥内传播，永远不可能传播到马赫锥以外的空间。马赫锥的半顶角，即圆锥的母线与气流速度方向之间的夹角，称为马赫角，用α表示。

$$\sin\alpha = \frac{c}{v} = \frac{1}{Ma}$$

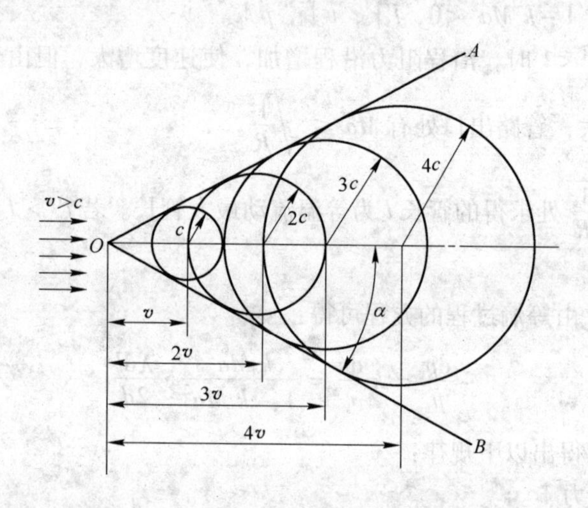

图8-1 超声速时扰动波的传播

同温层的概念。

同温层，又称平流层，是地球大气层里上热下冷的一层，此层被分成不同的温度层，中高温层置于顶部，而低温层置于底部。它与位于其下贴近地表的对流层刚好相反，对流层是上冷下热。

三、习题详解

【习题8-7】 二氧化碳气体作等熵流动，某点的温度$T_1=60℃$，速度$v_1=14.8\text{m/s}$，在同一流线上，另一点的温度$T_2=30℃$，已知二氧化碳$R=189\text{J/(kg·K)}$，$k=1.29$，求该点的速度。

解： 由状态方程$\frac{p}{\rho}=RT$可得：

$$\frac{p_1}{\rho_1}=RT_1=189\times(273+60)=62937 \quad \text{J/kg}$$

$$\frac{p_2}{\rho_2}=RT_2=189\times(273+30)=57267 \quad \text{J/kg}$$

由等熵能量方程 $\frac{k}{k-1}\frac{p}{\rho}+\frac{v^2}{2}=C$ 可得：

$$\frac{k}{k-1}\frac{p_1}{\rho_1}+\frac{v_1^2}{2}=\frac{k}{k-1}\frac{p_2}{\rho_2}+\frac{v_2^2}{2}$$

$$\frac{1.29}{1.29-1}\times\frac{p_1}{\rho_1}+\frac{v_1^2}{2}=\frac{1.29}{1.29-1}\times\frac{p_2}{\rho_2}+\frac{v_2^2}{2}$$

$$\frac{v_2^2}{2}=\frac{1.29}{0.29}\times 62937+\frac{14.8^2}{2}-\frac{1.29}{0.29}\times 57267$$

$$v_2=225.08\mathrm{m/s}$$

【习题 8-8】 空气作等熵流动，已知滞止压强 $p_0=490\mathrm{kPa}$，滞止温度 $T_0=20℃$，试求：滞止声速 c_0 及 $Ma=0.8$ 处的声速、流速和压强。

解： 滞止声速 $c_0=\sqrt{kRT_0}=\sqrt{1.4\times 287\times(20+273)}=343.11\mathrm{m/s}$

由公式 $\frac{c_0}{c}=\left(1+\frac{k-1}{2}Ma^2\right)^{\frac{1}{2}}$ 得：

$$c=\frac{343.11}{\left(1+\frac{1.4-1}{2}\times 0.8^2\right)^{\frac{1}{2}}}=323.06\mathrm{m/s}$$

因此：

$$v=Ma\cdot c=0.8\times 323.06=258.45\mathrm{m/s}$$

由于

$$\frac{p_0}{p}=\left(1+\frac{k-1}{2}Ma^2\right)^{\frac{k}{k-1}}$$

$$\frac{p_0}{p}=\left(1+\frac{1.4-1}{2}\times 0.8^2\right)^{\frac{1.4}{1.4-1}}=1.52$$

因此：

$$p=\frac{p_0}{1.52}=\frac{490}{1.52}=322.37\mathrm{kPa}$$

【习题 8-9】 在海拔高度不超过 11km 的范围内，标准大气的温度随高程 H 的变化为 $T=T_0-aH$，式中 $T_0=288\mathrm{K}$，$a=0.0065\mathrm{K/m}$。现有一飞机在 10000m 高空飞行，速度为 240m/s，求它的飞行马赫数。如飞机在 1000m 高度以同样速度飞行，马赫数又为多少？

解： 10000m 高空处的参数为：

$$T=288-0.0065H=288-0.0065\times 10000=223\mathrm{K}$$

$$c=20.1\sqrt{T}=20.1\sqrt{223}=300.16\mathrm{m/s}$$

$$Ma=\frac{v}{c}=\frac{240}{300.16}=0.8$$

1000m 高空处的参数为：

$$T=288-0.0065H=288-0.0065\times 1000=281.5\mathrm{K}$$

$$c=20.1\sqrt{T}=20.1\sqrt{281.5}=337.24\mathrm{m/s}$$

$$Ma=\frac{v}{c}=\frac{240}{337.24}=0.71$$

【习题8-10】 空气流经一收缩喷嘴作等熵流动，进口截面流动参数为 $p_1 = 140\text{kPa}$、$v_1 = 80\text{m/s}$、$T_1 = 293\text{K}$，出口截面 $p_2 = 100\text{kPa}$，求出口流速 v_2。

解：由 $\dfrac{p_1}{\rho_1} = RT_1$，可知

$$\rho_1 = \frac{p_1}{RT_1} = \frac{140 \times 10^3}{287 \times 293} = 1.66\text{kg/m}^3$$

由 $\left(\dfrac{\rho_2}{\rho_1}\right)^k = \dfrac{p_2}{p_1} = \dfrac{100}{140} = \dfrac{5}{7}$，有

$$\rho_2 = \rho_1 \sqrt[k]{\frac{5}{7}} = \sqrt[1.4]{\frac{5}{7}} \times 1.66 = 1.31\text{kg/m}^3$$

由等熵流动方程式

$$\frac{k}{k-1}RT_1 + \frac{v_1^2}{2} = \frac{k}{k-1}\frac{p_2}{\rho_2} + \frac{v_2^2}{2}$$

可得：

$$\frac{v_2^2}{2} = \frac{k}{k-1}\left(RT_1 - \frac{p_2}{\rho_2}\right) + \frac{v_1^2}{2}$$

$$= \frac{1.4}{1.4-1}\left(287 \times 293 - \frac{100 \times 10^3}{1.31}\right) + \frac{80^2}{2}$$

$$v_2 = 246.34\text{m/s}$$

【习题8-11】 过热蒸汽在喷管中做等熵流动，气体参数为 $k = 1.33$，$R = 462\text{J/(kg·K)}$，滞止参数为 $p_0 = 28 \times 10^5\text{Pa}$，$T_0 = 773\text{K}$，出口压强为 $p = 7 \times 10^5\text{Pa}$，试设计一种喷管（确定出口面积和喉部面积），使其质量流量 $Q_m = 8.5\text{kg/s}$。

解：由 $\dfrac{p_0}{p} = \left(1 + \dfrac{k-1}{2}Ma^2\right)^{\frac{k}{k-1}}$ 得：

$$\frac{28}{7} = \left(1 + \frac{1.33-1}{2}Ma^2\right)^{\frac{1.33}{1.33-1}}$$

解得出口处

$$Ma = 1.58$$

出口温度

$$T = \frac{T_0}{1 + \dfrac{k-1}{2}Ma^2} = \frac{773}{1 + \dfrac{1.33-1}{2} \times 1.58^2} = 547.49\text{K}$$

出口速度

$$v = Ma \cdot c = Ma \cdot \sqrt{kRT} = 1.58 \times \sqrt{1.33 \times 462 \times 547.49} = 916.41\text{m/s}$$

出口流体密度

$$\rho = \frac{p}{RT} = \frac{7 \times 10^5}{462 \times 547.49} = 2.77\text{kg/m}^3$$

出口面积

$$A = \frac{Q}{\rho v} = \frac{8.5}{2.77 \times 916.41} = 33.48\text{cm}^2$$

喉口温度

$$T_1 = \frac{2}{1+k}T_0 = \frac{2}{1+1.33} \times 773 = 663.52\text{K}$$

喉口速度

$$v_1 = \sqrt{kRT} = \sqrt{1.33 \times 462 \times 663.52} = 638.52\text{m/s}$$

喉口流体密度

$$\rho_1 = \rho\left(\frac{T_1}{T}\right)^{\frac{1}{k-1}} = 2.77 \times \left(\frac{663.52}{547.49}\right)^{\frac{1}{1.33-1}} = 4.96\text{kg/m}^3$$

喉口面积

$$A_1 = \frac{Q}{\rho_1 v_1} = \frac{8.5}{4.96 \times 638.52} = 26.84\text{cm}^2$$

四、练习题

8-1 求温度为45℃时氦气中的声速（氦气的绝热指数为1.4）。（答案：961.63m/s）

8-2 有一飞机作亚音速等速飞行，在飞机上测得 $p_0 = 82\text{kN/m}^2$，$p = 54\text{kN/m}^2$，$T_0 = 288\text{K}$，求飞机速度。（答案：255m/s）

8-3 气体的速度为800m/s，温度为530℃，绝热指数 $k = 1.25$，气体常数 $R = 322.8\text{J/(kg·K)}$，试计算当地声速与马赫数。（答案：569.22m/s；1.405）

8-4 等熵空气流经某处的 $Ma_1 = 0.9$，$p_1 = 4.15 \times 10^5\text{Pa}$，另一处的 $Ma_2 = 0.2$，求 p_2。（答案：$6.83 \times 10^5\text{Pa}$）

8-5 氦气（$k = 1.67$，$R = 2077\text{J/(kg·K)}$）做等熵流动，在管道截面1的参数为 $T_1 = 334\text{K}$，$v_1 = 65\text{m/s}$，测得截面2的速度为 $v_2 = 180\text{m/s}$，求该截面上的 T_2 以及 p_2/p_1 的值。（答案：331.28K；0.9798）

8-6 过热水蒸气（$k = 1.33$，$R = 462\text{J/(kg·K)}$）的温度为430℃，压强为 $5 \times 10^5\text{Pa}$，速度为525m/s，求水蒸气的滞止参数。（答案：$T_0 = 777\text{K}$；$p_0 = 7.4935 \times 10^5\text{Pa}$；$\rho_0 = 2.09\text{kg/m}^3$）

8-7 空气在截面积 $A_1 = 0.05\text{m}^2$ 的长直圆管中作绝热流动。在进口截面1处测得 $p_1 = 200\text{kPa}$，$T_1 = 60℃$，流速 $v_1 = 146\text{m/s}$，在下游截面2处测得 $p_2 = 95.4\text{kPa}$，流速 $v_2 = 280\text{m/s}$，试求截面1及截面2处的滞止参数。（答案：371.6m/s、223310Pa、2.26kg/m³；371.6m/s、145422Pa、1.47kg/m³）

8-8 空气流过一段收缩喷嘴，1断面直径 $d_1 = 20\text{cm}$，空气流过时的绝对压强和温度分别为 $p_1 = 400\text{kN/m}^2$，$T_1 = 120℃$；2断面直径 $d_2 = 15\text{cm}$，绝对压强 $p_2 = 300\text{kN/m}^2$。喷嘴很短，气流通过时可认为是等熵过程，求：

（1）通过喷嘴的质量流量；

（2）两断面的马赫数。

（答案：（1）14.33kg/s；（2）0.324，0.735）

8-9　容器中的压缩空气经一收缩喷嘴喷出，喷嘴出口处的绝对压强为100kN/m^2，温度为-30℃，流速为250m/s，试求容器中的压强和温度。（答案：152.4kN/m^2；1.1℃）

8-10　模型实验中气流温度为15℃，而驻点p的温度为40℃，流动可视为绝热，试求：

（1）气流的马赫数。

（2）气流速度。

（3）驻点压强比气流压强增大的百分数。

（答案：（1）0.658；（2）224.11m/s；（3）34%）

8-11　在绝热气流中，测得流线上1点的流速为$v_1=225$m/s，声速为$c_1=335$m/s，压强为$p_1=0.103$MPa，2点的速度为$v_2=315$m/s，绝热指数$k=1.4$，试求2点的压强p_2。（答案：0.075MPa）

8-12　在$\rho=1.8$kg/m^3，$t=75$℃的空气中飞机的马赫数$Ma=0.7$，试求滞止密度、滞止压强和滞止温度。（答案：2.274kg/m^3；2.496×10^5Pa；109.1℃）

8-13　用绝热良好的管道输送空气，管道直径$d=0.1$m，平均沿程阻力系数$\overline{\lambda}=0.02$，若管道进、出口气流的马赫数分别为$Ma_1=0.5$，$Ma_2=0.7$，试求所需的管长l。（答案：4.31m）

8-14　空气在管道内做恒定等熵流动，已知进口状态参数：$t_1=62$℃，$p_1=650$kPa，$A_1=0.001$m^2；出口状态参数：$p_2=452$，$A_2=5.12\times10^{-4}$m^2，试求空气的质量流量Q_m。（答案：0.74kg/s）

第九章　泵与风机的理论基础

一、基本知识点

（一）离心式泵与风机的性能参数

（1）流量 Q：单位时间内泵或风机所输送的流体量，用体积流量 Q_V 或质量流量 Q_m 表示。

（2）泵的扬程与风机的全压：

单位重量流体流经泵的进、出口断面所具有总能量之差称为泵的扬程，以 H 表示，单位为 m。

单位体积流体流经风机的进、出口断面所具有的总能量之差称为风机的全压，以 p 表示，单位为 Pa。

（3）功率。

1）有效功率 N_e（kW）：

离心泵有效功率等于重量流量与扬程的乘积，即

$$N_e = \gamma QH$$

离心式风机有效功率等于体积流量与全压的乘积，即

$$N_e = Qp$$

2）轴功率：原动机传递到泵或风机轴上的输入功率称为轴功率，以 N 表示。

（4）效率 η。

$$\eta = N_e/N$$

效率反映能量损失的大小和输入的轴功率被流体利用的程度。

（5）转速：转速指泵或风机的叶轮每分钟的转数，即 r/min，常以 n 表示。

（二）流体在叶轮中运动的速度三角形

流体在叶轮中运动的速度三角形如图 9-1 所示。流体随叶轮旋转做圆周牵连运动，其圆周速度为 u，沿叶片方向做相对流动的相对速度为 w，绝对速度 v 是 u 与 w 两者的矢量和。下角标 1 表示进口处的参数，下角标 2 表示出口处的参数。

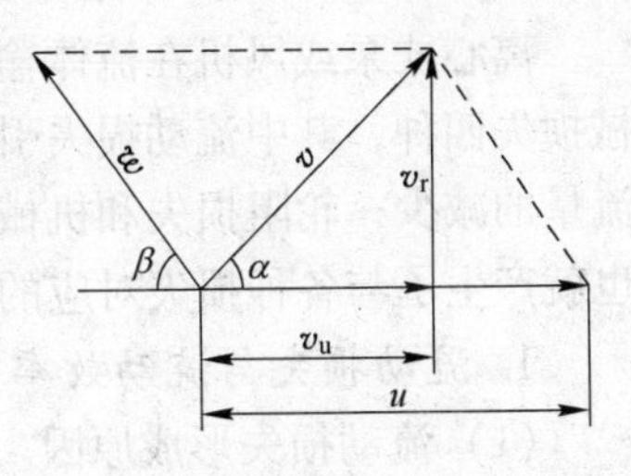

图 9-1　流体在叶轮中运动的速度三角形

速度 v 与 u 之间的夹角称作叶片的工作角 α。

β 为安装角，是与叶轮流道几何形状有关的参数。

流体的圆周速度 u 为：

$$u = \omega r = \frac{\pi D n}{60}$$

式中　D——叶轮直径，m；

n——叶轮转速，r/min。

径向分速度 v_r 为

$$v_r = Q_T / F$$

$$F = 2\pi r b \varepsilon$$

式中　Q_T——叶轮流量，m^3/s；

F——叶轮环周面积，m^2；

b——叶轮宽度，m；

r——叶轮半径，m；

ε——叶片排挤系数，它反映了叶片厚度对流道过流面积的遮挡程度。

已知 u、v_r、β，就可以绘出速度三角形。

（三）欧拉方程

$$H_{T\infty} = \frac{1}{g}(u_{2T\infty} v_{u2T\infty} - u_{1T\infty} v_{u1T\infty})$$

式中　$H_{T\infty}$——流体在理想流动过程中流经叶片数目为无限多叶轮时的体积流量；

下标“T”——流动过程为理想过程；

下标“∞”——叶片数目为无限多时的参数；

下标“1”——叶轮进口参数；

下标“2”——叶轮出口参数。

有限多叶片的理论扬程 H_T 为：

$$H_T = \frac{1}{g}(u_{2T} v_{u2T} - u_{1T} v_{u1T})$$

有限多叶片的理论扬程 H_T 与无限多叶片的理论扬程 $H_{T\infty}$ 的比值为：

$$K = \frac{H_T}{H_{T\infty}} < 1$$

式中　K——环流系数，K 值一般在 0.78 ~ 0.85 之间。

（四）泵或风机的能量损失与对应功率

离心式泵或风机在流体输送过程中的能量损失有流动损失、泄漏损失、轮阻损失和机械损失四种，其中流动损失引起泵或风机扬程（或全压）的降低；泄漏损失引起泵或风机流量的减少；轮阻损失和机械损失则必然多耗功。每一种损失均使泵或风机的效率下降，也就产生了与各种损失对应的效率。

1. *流动损失与流动效率*

（1）流动损失形成原因。流体具有黏滞性，流经叶轮通道必然产生一定的沿程损失；另外由于旋转效应存在，叶轮进口相对速度的大小和方向改变，影响流体流动角度与叶片进口安装角的一致性；还有流量变化、流体与叶片发生冲击作用，所有这些都会导致理论扬程的下降。

（2）流动损失计算公式。

$$\Delta H_h = \Sigma\xi_i \frac{v_i^2}{2g}$$

或
$$\Delta p_h = \Sigma\xi_i \frac{\rho}{2} v_i^2$$

其中 ξ 系数由经验数据或实验确定。

（3）流动效率 η_h。

$$\eta_h = \frac{H}{H_T} = \frac{H_T - \Delta H_h}{H_T}$$

或
$$\eta_h = \frac{P}{P_T} = \frac{P_T - \Delta p_h}{P_T}$$

式中 H（或 P）——实际扬程（或全压）；

H_T（或 P_T）——理论扬程（或全压）。

2. 泄漏损失与泄漏效率

（1）泄漏损失形成原因。由于离心式泵或风机的静止部件与转动部件之间必然存在间隙，流体从泵或风机转轴与蜗壳之间的间隙处泄漏，导致泄漏损失；同时泵或风机内流体从高压区向低压区泄漏也会导致泄漏损失的产生。

（2）泄漏量 $q(m^3/s)$ 的估算。

$$q = \pi D_1 \delta\alpha 2u_2 \sqrt{\frac{\overline{P}}{3}}$$

式中 D_1——叶轮叶片进口直径，m；

α——间隙边缘收缩系数，一般取 $\alpha = 0.7$；

$\overline{P}$——泵或风机的全压系数，$\overline{P} = \frac{P}{\rho u_2^2}$；

δ——间隙大小，间隙大小一般取 $\left(\frac{1}{200} \sim \frac{1}{100}\right)D_2$，m；

D_2——叶轮叶片出口直径，m；

u_2——叶轮外径的圆周速度，m/s。

（3）泄漏效率 η_e。泄漏效率为实际流量 Q 与吸入叶轮的理论流量 $Q_T = (Q + q)$ 之比，即

$$\eta_e = \frac{Q}{Q_T} = \frac{Q}{Q + q}$$

3. 轮阻损失与轮阻效率

（1）轮阻损失形成原因。因为流体具有黏性，叶轮旋转时，引起了流体与叶轮前、后盘外侧面和轮缘与圆周流体的摩擦损失，该损失称为轮阻损失。

（2）轮阻损失的计算。圆盘摩擦损失功率总和为：

$$N_r = N_2 + N_3 = \frac{\pi}{10} c_f \left(1 + \frac{5e}{D_2}\right) \rho u_2^3 D_2^2 \times 10^{-3}$$

或 $$N_r = \beta\rho u_2^3 D_2^2 \times 10^{-3}$$

式中 N_r——叶轮盘摩擦导致的总功率损失，它包括前、后盘和轮缘表面与流体相对运动而产生的摩擦；

e——叶轮外缘厚度；

c_f——摩擦系数；

ρ——气体密度，kg/m^3；

D_2——圆盘外径，m；

u_2——圆盘外径处圆周速度，m/s；

β——轮阻损失计算系数，它与雷诺数 Re、圆盘与壳体间相对侧壁间隙以及圆盘外侧的粗糙度有关，根据斯陀道拉的意见，$\beta = 0.81 \sim 0.88$。

（3）轮阻效率 η_r。离心式泵或风机的轮阻效率为：

$$\eta_r = \frac{N_i - N_r}{N_i}$$

$$N_r = (1 - \eta_r)N_i$$

式中 N_i——泵或风机的内功率。

对风机 $$N_i = (P + \Delta p_h)(Q + q) + N_r$$

对泵 $$N_i = \rho g(H + \Delta H_h)(Q + q) + N_r$$

4. 静压效率 η_{st}

衡量泵或风机性能时，除需要考虑其全压效率外，往往还需引入静压效率的概念，表征其使用的经济程度。其表达式有：

静压总效率 η_{st}

$$\eta_{st} = \frac{P_{st}Q}{N_s} = \frac{P_{st}}{P}\eta$$

静压内效率 η_{sti}

$$\eta_{sti} = \frac{P_{st}Q}{N_i} = \frac{P_{st}}{P}\eta_i$$

式中，P_{st}为静压值。

5. 泵或风机功率的选择

泵或风机所需功率的计算，应根据其轴功率大小进行选择，但选配的电动机必须留有一定的功率储备。选配的电动机计算功率 N_M(kW)为：

$$N_M = \frac{PQ}{\eta}K \times 10^{-3}$$

式中 K——电动机容量储备系数，其值可按表 9-1 选用。

表 9-1　风机 K 值表

电动机功率/kW	K 值			
	离心式			轴流式
	一般用途	灰尘	高温	
<0.5	1.5	—	—	—
0.5 ~ 1.0	1.4	—	—	—

续表 9-1

电动机功率/kW	K 值			
	离 心 式			轴流式
	一般用途	灰 尘	高 温	
1.0～2.0	1.3	—	—	—
2.0～5.0	1.2	—	—	—
>5.0	1.15	1.2	1.3	1.05～1.1

（五）泵或风机性能曲线

泵或风机不同叶轮时的理论性能曲线见图 9-2 和图 9-3，实际性能曲线见图 9-4。具体推导及讨论见配套教材。

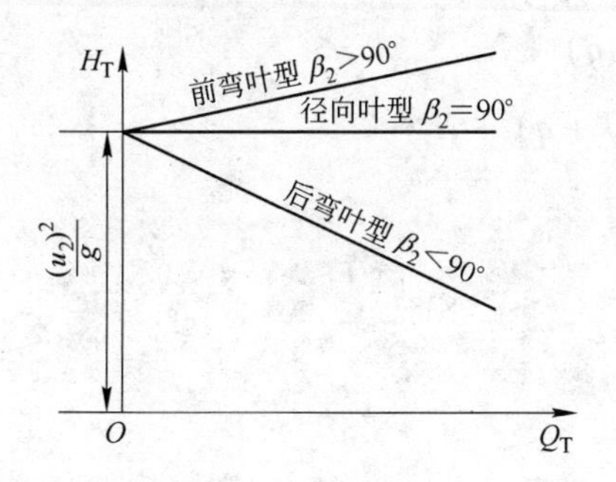

图 9-2　三种叶型（前弯叶片、后弯叶片、径向叶片）的 Q_T-H_T 曲线

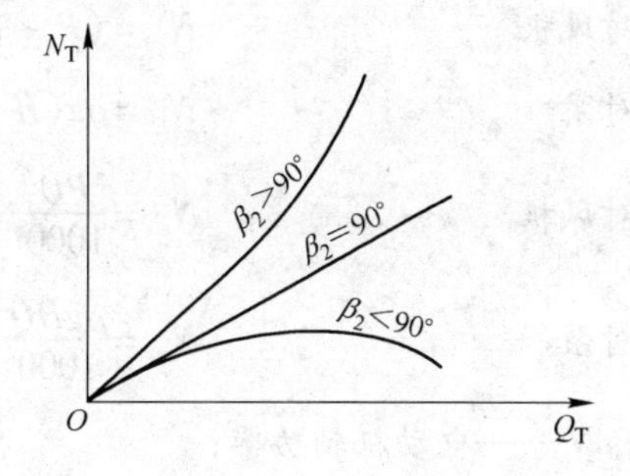

图 9-3　三种叶型（前弯叶片、后弯叶片、径向叶片）的 Q_T-N_T 曲线

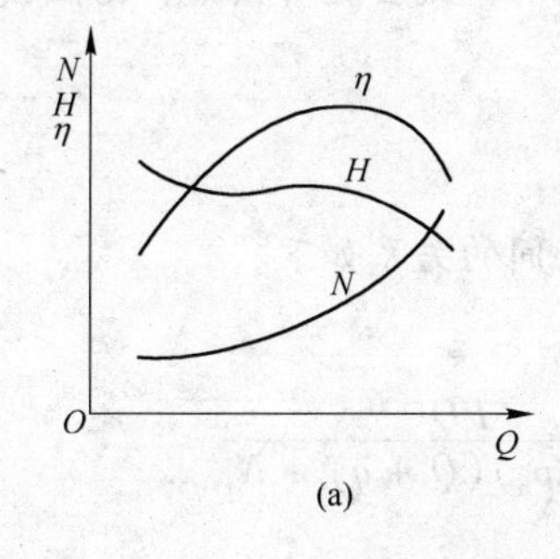

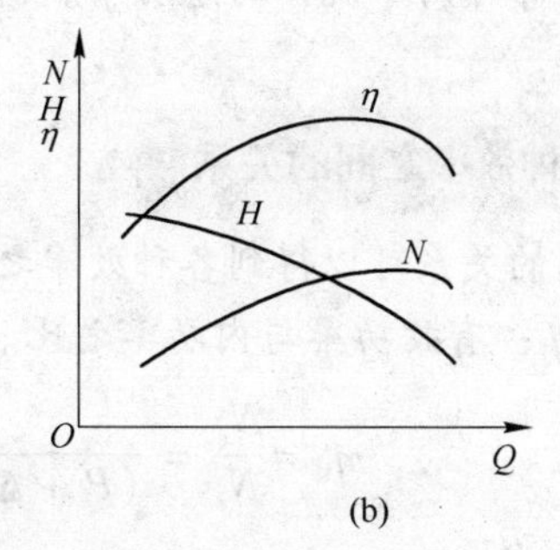

图 9-4　离心风机的性能曲线

（a）前弯叶轮；（b）后弯叶轮

（六）相似律与比转数

性能参数、叶轮尺寸以及转速之间的关系

$$\frac{H}{H'}=\frac{\gamma' p_q}{\gamma p'_q}=\left(\frac{D_2}{D'_2}\right)^2\left(\frac{n}{n'}\right)^2$$

$$\frac{Q}{Q'}=\left(\frac{D_2}{D_2'}\right)^3\frac{n}{n'}$$

$$\frac{N}{N'}=\frac{\rho}{\rho'}\left(\frac{D_2}{D_2'}\right)^5\left(\frac{n}{n'}\right)^3$$

$$\eta=\eta'$$

二、难点

泵或风机各种功率之间的关系。

泵或风机各种功率之间的关系为：

$$N_s=N_i+N_m$$

对风机 $N_i=(P+\Delta p_h)(Q+q)+N_r$

对泵 $N_i=\rho g(H+\Delta H_h)(Q+q)+N_r$

对风机 $N_e=\dfrac{PQ}{1000}$

对泵 $N_e=\dfrac{\rho gHQ}{1000}$

式中 N_s——电动机轴功率；

N_m——机械传动功率。

从以上关系式可以看出，从电动机输出的轴功率减去机械传动产生的功率损失，余下的功率为内功率，即作用于流体的总功率。内功率减去流动损失、轮阻损失和泄漏损失功率，即为有效功率。

泵或风机各种效率之间的关系。

由各功率之间的关系可以得到各种效率之间的关系如下。

(1) 内效率 η_i：有效功率与内功率之比。

$$\eta_i=\frac{N_e}{N_i}=\frac{PQ}{(P+\Delta p_h)(Q+q)+N_r}$$

$$=\frac{1}{\dfrac{(P+\Delta p_h)(Q+q)}{PQ}+\dfrac{N_r}{PQ}}$$

$$=\frac{1}{\dfrac{1}{\eta_h\eta_e}+\dfrac{1-\eta_r}{\eta_i}}$$

可解得：

$$\eta_i=\eta_h\eta_e\eta_r$$

内效率为流动损失效率、轮阻损失效率和泄漏损失效率的乘积。该公式也反映了内功率与流动、轮阻和泄漏三种功率损失的关系。

（2）机械传动效率 η_m：泵或风机内功率与其轴功率 N_s 之比。

$$\eta_m = \frac{N_i}{N_s} = \frac{N_s - N_m}{N_s}$$

（3）全压效率 η：泵或风机有效功率与其轴功率之比。

$$\eta = \frac{N_e}{N_s} = \frac{N_e}{N_i}\frac{N_i}{N_s} = N_i N_m$$

$$\eta = \eta_h \eta_e \eta_r \eta_m$$

通过此关系也反映出轴功率与各种功率损失之间的关系。工程上以泵或风机的全压效率为泵或风机的性能参数，简称效率。

三、习题详解

【习题 9-4】 已知一台水泵进、出口标高相同，流量为 25L/s，泵出口水管的压力表读数为 0.35MPa，进口水管的真空表读数为 40kPa，压力表高于真空表的标高差 2m，进口水管和出口水管的半径分别为 50mm 和 40mm，水的密度为 1000kg/m^3，试计算泵的扬程 H。

解： 设进口断面为 1 断面，出口断面为 2 断面，由 $Q = vA$，得：

$$v_2 = \frac{Q}{A_2} = \frac{25 \times 10^{-3}}{\pi \times 0.04^2} = 4.98\text{m/s}$$

$$v_1 = \frac{Q}{A_1} = \frac{25 \times 10^{-3}}{\pi \times 0.05^2} = 3.19\text{m/s}$$

$$p_2 = 350 - \rho g h = 350 + 1 \times 9.8 \times 2 = 369.6\text{kPa}$$

根据伯努利方程可得扬程为：

$$H = \frac{p_2 - p_1}{\rho g} + \frac{v_2^2 - v_1^2}{2g}$$

$$= \frac{[369.6 - (-40)] \times 1000}{1000 \times 9.8} + \frac{4.98^2 - 3.19^2}{2 \times 9.8}$$

$$= 42.55\text{m}$$

【习题 9-6】 某水泵的进水口与出水管截面积相等，出口压力表与进口水银真空计处于同一标高，测得离心泵出口压力表读数为 0.25MPa，进口水银真空计读数为 H_V = 250mm，已知泵的效率为 85%，求该台泵在流量为 500m^3/h 时所需的轴功率。（水银的密度为 $\rho_{Hg} = 13600\text{kg/m}^3$，水的密度为 $\rho_{H_2O} = 1000\text{kg/m}^3$）

解：

$$p_1 = -\rho_{Hg} g h = -13.6 \times 9.8 \times 250 \times 10^{-3} = -33.32\text{kPa}$$

根据伯努利方程，又因为进、出口截面积相等、流速相等，所以

$$H=\frac{p_2-p_1}{\rho g}=\frac{0.25\times10^6-(-33.32)}{1000\times9.8}=28.91\text{m}$$

$$N_e=\frac{\rho gQH}{1000}=\frac{1000\times9.8\times\frac{500}{3600}\times28.91}{1000}=39.35\text{kW}$$

由 $\eta=\frac{N_e}{N}$，得

$$N=\frac{N_e}{\eta}=\frac{39.35}{0.85}=46.29\text{kW}$$

【习题9-7】 某离心式风机的全风压为2.5kPa，流量为50000m^3/h，效率为0.83，联轴器直联传动效率为0.97，电动机效率为0.95，选配功率为50kW的电动机拖动是否合适？（取 $K=1.1$）

解：所需电动拖动功率为：

$$N=K\frac{N_e}{\eta\eta_m\eta_g}=1.1\times\frac{\frac{50000}{3600}\times2.5\times10^3}{1000\times0.83\times0.97\times0.95}=49.94\text{kW}<50\text{kW}$$

所以，合适。

【习题9-12】 离心泵转速为1500r/min，其叶轮尺寸为 $b_1=30$mm，$b_2=20$mm，$d_1=18$cm，$d_2=38$cm，$\beta_{1a}=20°$，$\beta_{2a}=25°$，液体径向流入叶轮。若环流系数为 $K=0.82$，流动效率 $\eta_h=85\%$，试计算：

（1）理论流量 Q_{VT} 和理论扬程 $H_{T\infty}$；

（2）实际扬程 H。

解：由题意可知：

$$v_{u1T\infty}=0$$

$$u_1=\frac{\pi D_1n}{60}=\frac{3.14\times0.18\times1500}{60}=14.13\text{m/s}$$

$$v_{r1T\infty}=v_{1T\infty}=u_1\tan\beta_{1a}=14.13\times\tan20°=5.14\text{m/s}$$

$$Q_{VT}=A_1v_{r1T\infty}=\pi D_1b_1v_{r1T\infty}=3.14\times0.18\times0.03\times5.14=0.087\text{m}^3/\text{s}$$

$$v_{r2T\infty}=\frac{Q_{VT}}{A_2}=\frac{Q_{VT}}{\pi D_2b_2}=\frac{0.087}{3.14\times0.38\times0.02}=3.65\text{m/s}$$

$$u_2=\frac{\pi D_2n}{60}=\frac{3.14\times0.38\times1500}{60}=29.83\text{m/s}$$

$$v_{u2T\infty}=u_{2T\infty}-v_{r2T\infty}\cot\beta_{2a}=29.83-3.65\times2.15=22.00\text{m/s}$$

$$H_{T\infty}=\frac{1}{g}(u_{2T\infty}v_{u2T\infty}-v_{1T\infty}v_{u1T\infty})=\frac{1}{9.8}\times29.83\times22.00=66.97\text{m}$$

$$H=K\eta_hH_{T\infty}=0.82\times0.85\times66.97=46.68\text{m}$$

【习题9-13】 某单级轴流式风机，转速 $n=1500$r/min，在叶轮半径 $r=250$mm 处，空

气以 $v_1=24\text{m/s}$ 的速度沿轴向流入叶轮，出口流动角比入口流动角大20°，空气的密度 $\rho=1.2\text{kg/m}^3$。求理论全压 $p_{T\infty}$。

解：

$$u=\frac{\pi Dn}{60}=\frac{3.14\times0.25\times2\times1500}{60}=39.25\text{m/s}$$

由题意知 $v_{u1}=0$，$v_{r1}=v_1=24\text{m/s}$，因此

$$\tan\beta_1=\frac{v_{r1}}{u}=\frac{24}{39.25}=0.611$$

解得

$$\beta_1=31.4°$$

$$\beta_2=\beta_1+20°=51.4°$$

代入

$$\tan\beta_2=\frac{v_{r2}}{u-v_{u2}}=\frac{24}{39.25-v_{u2}}$$

$$v_{u2}=20.1\text{m/s}$$

$$p_{T\infty}=\rho u(v_{u2}-v_{u1})=\rho uv_{u2}=1.2\times39.25\times20.1=946.71\text{Pa}$$

四、练习题

9-1 轴流式泵或风机与离心式泵或风机相比，有何性能特点？各自适用于何种场合？

9-2 为了提高流体从叶轮获得的能量，一般有哪几种方法？最常采用哪种方法？为什么？

9-3 离心式泵或风机有哪几种叶片形式？不同形式叶片对泵或风机的性能有何影响？为什么离心泵均采用后弯式叶片？

9-4 设一水泵流量 $Q=0.025\text{m}^3/\text{s}$，排水管压力表读数为323730Pa，吸水管真空表读数为39240Pa，排水管压力表位置较高，表位差为0.8m，吸水管和排水管直径分别为100mm和75mm，电动机功率表读数为12.5kW，电动机效率 $\eta_g=0.95$，联轴器直联传动效率为0.98，求轴功率、有效功率、泵的总效率。（答案：11.64kW；9.54kW；81.98%）

9-5 有一泵转速 $n=2900\text{r/min}$ 时，扬程 $H=100\text{m}$，流量 $Q=0.17\text{m}^3/\text{s}$，轴功率 $N=183.8\text{kW}$，现用一出口直径为该泵2倍的泵替换，当转速 $n=1450\text{r/min}$ 时，保持运动状态相似，其流量、扬程和轴功率应为多少？（答案：$0.68\text{m}^3/\text{s}$；100m；735.2kW）

9-6 有一台锅炉引风机，铭牌上额定流量 $Q=12000\text{m}^3/\text{h}$，额定风压 $p=160\text{mmH}_2\text{O}$，效率 $\eta=75\%$。现将此引风机安装于海拔高程1000m处（该处大气压 $p_a=9.2\text{mH}_2\text{O}$），输送温度 $t=20℃$。求此风机额定工况下的流量、风压及功率。（答案：$12000\text{m}^3/\text{h}$；$230\text{mmH}_2\text{O}$；10.02kW）

9-7 有一输水泵，其流量 $Q_V=1.25\text{m}^3/\text{s}$，扬程 $H=65\text{m}$，泵的轴功率为 $N=1100\text{kW}$，机械效率 $\eta_m=0.93$，泄漏效率 $\eta_e=0.95$，求泵的流动效率 η_h。（答案：0.82）

9-8 离心水泵的叶轮直径 $D_2=178\text{mm}$，进口直径 $D_1=59\text{mm}$，进、出口净面积相等 $A_1=$

$A_2=0.00514\text{m}^2$，转速 $n=2900\text{r/min}$，流量 $Q=120\text{m}^3/\text{h}$ 时，液体径向进入叶轮，试求进口安装角 β_1。如出口安装角 $\beta_2=25°$，问理论扬程 $H_{T\infty}$ 为多少？（答案：36.1m）

9-9　离心式水泵叶轮外径为200mm，后弯式出口安装角 $\beta_2=30°$，出口径向分速度 $v_{r2}=5.4\text{m/s}$。设径向流入，求理论扬程 $H_{T\infty}$。如叶轮反向旋转，理论扬程为多少？并将二者进行比较。（答案：18.23m；54.16m）

9-10　在 $n=2000\text{r/min}$ 的条件下实测一离心式泵的结果为 $Q=0.17\text{m}^3/\text{s}$，$H=104\text{m}$，$N=184\text{kW}$。如有一与其几何相似的水泵，其叶轮直径比上述泵的叶轮直径大1倍，在1500r/min下运行，试求效率相同工况点的流量、扬程及功率（答案：$1.02\text{m}^3/\text{s}$；234m；2484kW）

9-11　通风机的铭牌参数为 $n=1250\text{r/min}$，$Q=8300\text{m}^3/\text{h}$，$p=79\text{mmH}_2\text{O}$，$N=2\text{kW}$，$\eta=89\%$，现将此风机安装于海拔高度3000m的地区使用，当地夏季气温40℃，转速不变，试求该风机在最高效率点的运行参数 Q_1、P_1、N_1 及比转数。（答案：$8300\text{m}^3/\text{h}$；$51.5\text{mmH}_2\text{O}$；1.304kW；72）

9-12　某离心泵原用电动机皮带拖动，转速 $n=1400\text{r/min}$，最高效率 $\eta_{max}=0.75$ 时，流量 $Q=72\text{L/s}$，扬程 $H=15.5\text{m}$，今改为电动机直联，转速最大为1450r/min，试求最高效率时的流量和扬程。如电动机功率为17kW，问转速提高后功率是否满足？（答案：74.6L/s；16.6m；16.2kW；满足）

第十章　管路与管网基础

一、基本知识点

（一）简单管路

简单管路是指具有相同管径 d、相同流量 Q 的管段。

（1）管路阻抗。管路阻抗是综合反映管路流动阻力情况的参数。

$$h_{\mathrm{f}} = \left(\lambda \frac{l}{d} + \Sigma\zeta\right)\frac{v^2}{2g} = \frac{8\left(\lambda \frac{l}{d} + \Sigma\zeta\right)}{\pi^2 d^4 g} Q_V^2 = S_{\mathrm{H}} Q_V^2$$

$$S_{\mathrm{H}} = \frac{8\left(\lambda \frac{l}{d} + \Sigma\zeta\right)}{\pi^2 d^4 g}$$

用压强表示时，表达式为：

$$p = \rho g H = \rho g S_{\mathrm{H}} Q_V^2 = S_{\mathrm{p}} Q_V^2$$

$$S_{\mathrm{p}} = \rho g S_{\mathrm{H}} = \frac{8\left(\lambda \frac{l}{d} + \Sigma\zeta\right)\rho}{\pi^2 d^4}$$

式中　S_{H}——阻力损失用水头表示、流量用体积流量表示时的管路阻抗，$\mathrm{s^2/m^5}$；

S_{p}——阻力损失用压强表示、流量用体积流量表示时的管路阻抗，$\mathrm{kg/m^7}$。

（2）典型的简单管路——虹吸管。虹吸管是指管道中的一部分高出上游供水液面的简单管路（见图 10-1）。

虹吸管流量计算公式为：

$$Q_V = \sqrt{\frac{h_{\mathrm{f1-2}}}{S_{\mathrm{H}}}}$$

$$S_{\mathrm{H}} = \frac{8\left(\lambda \frac{l}{d} + \Sigma\zeta\right)}{\pi^2 d^4 g}$$

具体到如图 10-1 所示的虹吸管，其计算公式为：

$$Q_V = \frac{\frac{1}{4}\pi d^2}{\sqrt{\zeta_{\mathrm{e}} + 3\zeta_{\mathrm{b}} + \zeta_0 + \lambda \frac{l_1 + l_2}{d}}} \cdot \sqrt{2gH}$$

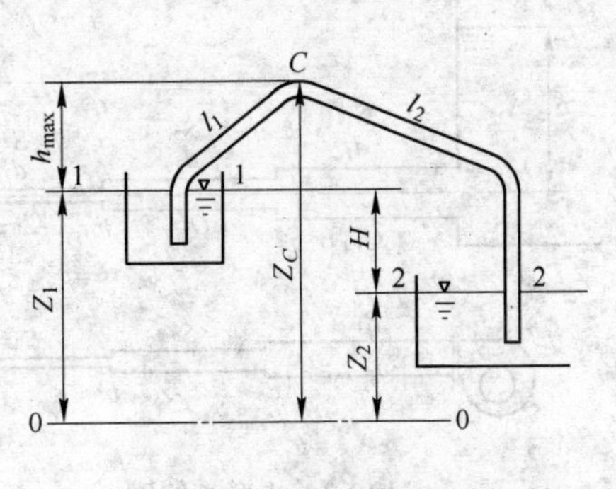

图 10-1　虹吸管系统

$$v=\frac{1}{\sqrt{\zeta_e+3\zeta_b+\zeta_0+\lambda\frac{l_1+l_2}{d}}}\cdot\sqrt{2gH}$$

式中　ζ_e——进口局部阻力系数；

ζ_b——转弯局部阻力系数；

ζ_0——出口局部阻力系数。

虹吸管真空高度的计算：

$$\frac{p_a-p_C}{\rho g}=(Z_C-Z_1)+\frac{1+\zeta_e+2\zeta_b+\lambda l_1/d}{\zeta_e+3\zeta_b+\zeta_0+\lambda\frac{l_1+l_2}{d}}H$$

为保证虹吸管正常工作，真空高度 $\frac{p_a-p_C}{\rho g}$ 应小于最大允许值 $[h_V]$。对于水系统，$[h_V]=7\sim8.5\text{m}$。

（二）复杂管路

由简单管路经串联、并联组合构成的管路称为复杂管路。

串、并联管路的概念及特点见表 10-1。

表 10-1　串、并联管路的概念及特点

管　路	概　念	特　点
串联管路（见图 10-2）	由许多简单管路首尾相接组合而成的管路	$Q_{V1}=Q_{V2}=Q_{V3}$ $h_{l1-3}=h_{l1}+h_{l2}+h_{l3}$ $S=S_1+S_2+S_3$
并联管路（见图 10-3）	流体从总管分出两根或两根以上管段，而这些管段又汇集到另一节点处的管路	$Q_V=Q_{V1}+Q_{V2}+Q_{V3}$ $h_{l1}=h_{l2}=h_{l3}=h_{la-b}$ $\frac{1}{\sqrt{S}}=\frac{1}{\sqrt{S_1}}+\frac{1}{\sqrt{S_2}}+\frac{1}{\sqrt{S_3}}$ $Q_{V1}:Q_{V2}:Q_{V3}=\frac{1}{\sqrt{S_1}}:\frac{1}{\sqrt{S_2}}:\frac{1}{\sqrt{S_3}}$

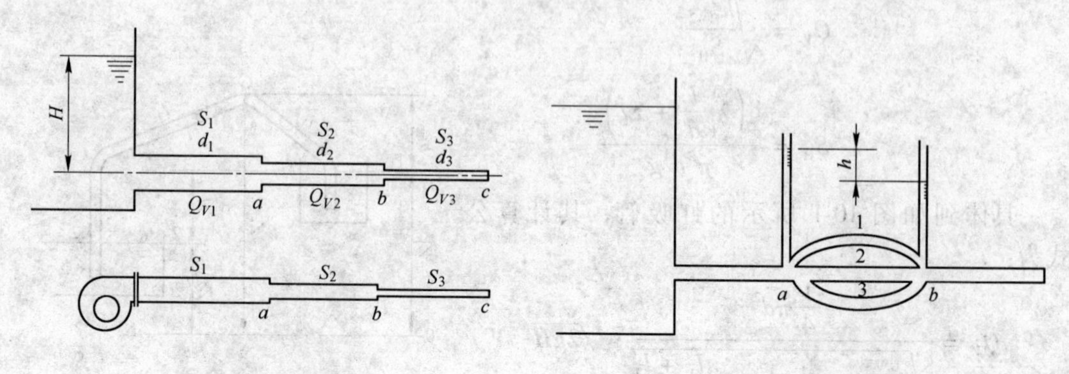

图 10-2　串联管路图　　　　图 10-3　并联管路图

（三）管网

由简单管路、并联管路、串联管路组合而成的管路网络称为管网。

（1）管网类别。管网分为枝状管网和环状管网两种，其特点见表 10-2。

表 10-2　枝、环状管网的概念及特点

管　网	概　念	特　点
枝状管网（见图 10-4）	由某点分开后，不再汇合在一起，由多段不同的管道串联成干管，干管上又分出若干支管	管路中任一点处只能向一个方向流动；当支管阻力发生变化时，与之并联的管路流量随之变化
环状管网（见图 10-5）	由多段管路连接形成的闭合状复杂管路系统	管路中流体的流动方向有不确定性；管路中的流量也随环状管网管径的变化而重新分配

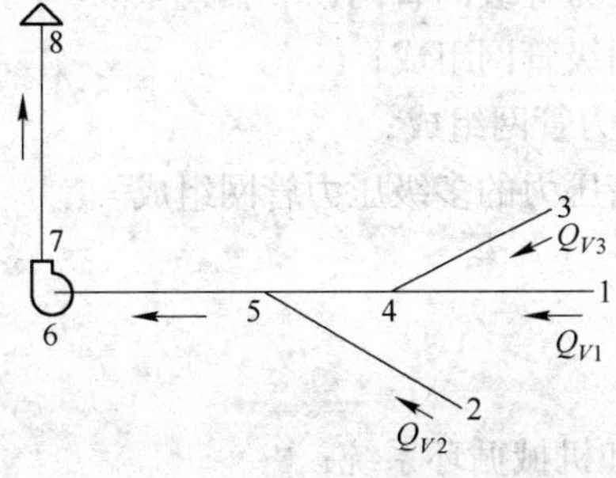

图 10-4　枝状管网图

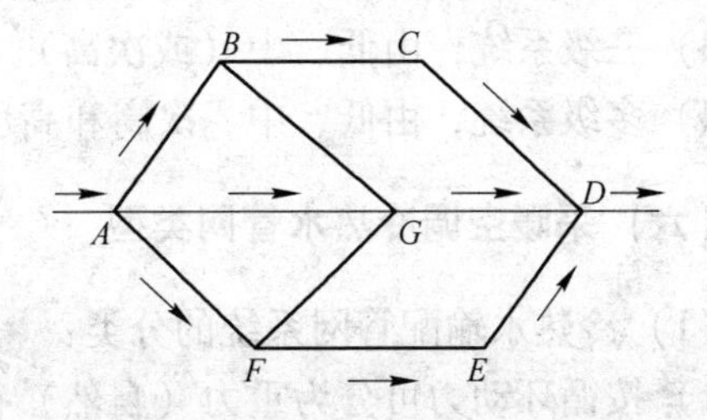

图 10-5　环状管网图

（2）枝状管网的水力计算。常见枝状管网的水力计算有以下两类：

1）管路布置已定，求管径 d 和作用水头 H，如供水管网。

2）已有泵或风机，确定管径，校核动力是否合适，如燃气管网。

（3）环状管网的水力计算。环状管网水力计算的重点是确定流量和压降分配。计算结果遵循任一节点流入和流出的流量相等，即 $\Sigma Q = 0$。任一闭合环路中，各管段阻力损失的代数和必等于零，即 $\Sigma h = 0$。

一般水力计算时，先假设流体的流动方向，按节点流量平衡确定流量；预选管径，确定每个管段的压力降，根据流动方向不同，确定压降和流量的正负；最后校核每个环的压降并判断是否满足工程精度。若不满足工程精度要求，则需要进行平方差计算，直至满足工程精度为止。

（四）通风空调工程空气输配管网

（1）管网功能。通风工程的风管系统分为两类：排风系统和送风系统。

空调工程兼有通风工程的功能，同时还具有维持室内热环境的舒适性，或使室内热环境满足生产工艺要求。

（2）通风空调工程空气输配管网的装置及管件。通风空调工程中空气输配管网的装置及管件有风机、风阀、风口、三通、弯头、变径（形）管等，还有空气处理设备。

（五）燃气输配管网

（1）燃气输配管网由分配管道、用户引入管和室内管道三部分组成。

（2）燃气管网的压力等级划分。我国城市燃气管道按设计表压力 p(MPa)分为7级。

1）高压管道A：$2.5 < p \leqslant 4.0$；

2）高压管道B：$1.6 < p \leqslant 2.5$；

3）次高压管道A：$0.8 < p \leqslant 1.6$；

4）次高压管道B：$0.4 < p \leqslant 0.8$；

5）中压管道A：$0.2 < p \leqslant 0.4$；

6）中压管道B：$0.01 < p \leqslant 0.2$；

7）低压管道：$p < 0.01$。

（3）城市燃气输配管网压力级制。城市燃气输配管网压力级制可分为：

1）一级系统，仅由低压或中压或次高压一个压力等级的管网；

2）二级系统，由低、中压两级或低、次高压两级管网组成；

3）三级系统，由低、中（或次高）、高三级压力管网组成；

4）多级系统，由低、中、次高和高压甚至更高压力的多级压力管网组成。

（六）采暖空调冷热水管网类型

（1）冷热水输配管网系统的分类：

1）按循环动力可分为重力（自然）循环系统和机械循环系统；

2）按水流路径可分为同程式和异程式系统；

3）按流量变化可分为定流量和变流量系统；

4）按水泵设置可分单式泵和复式泵系统；

5）按与大气接触情况可分为开式和闭式系统。

（2）采暖空调冷热水管网装置。采暖空调冷热水管网装置主要包括：膨胀水箱、排气装置、散热器、温控阀、分水器、集水器、过滤器、阀门、换热装置。

二、难点

管路阻抗的表达式与单位。

当管路的阻力用水头表示或用压强表示、流量用体积流量表示或用质量流量表示时，管路阻抗有与之相对应的表达式。其表达式的形式不相同，单位也不相同，但表达式之间存在着一定的关系。为了区别起见，分别用下标H和下标p表示当流量为质量流量时，第二个下标用m表示，当流量为体积流量时，第二个下标则可省略。各种不同的表达式为：

$$S_H = \frac{8\left(\lambda \frac{l}{d} + \Sigma\zeta\right)}{\pi^2 d^4 g}$$

$$S_p = \rho g S_H = \frac{8\rho\left(\lambda \frac{l}{d} + \Sigma\zeta\right)}{\pi^2 d^4}$$

$$S_{pm} = \frac{S_p}{\rho^2} = \frac{8\left(\lambda \frac{l}{d} + \Sigma\zeta\right)}{\rho\pi^2 d^4}$$

$$S_{Hm} = \frac{S_H}{\rho^2} = \frac{8\left(\lambda \frac{l}{d} + \Sigma\zeta\right)}{\rho^2\pi^2 d^4 g}$$

式中 S_H——阻力损失用水头表示、流量用体积流量表示时的管路阻抗，s^2/m^5；

S_p——阻力损失用压强表示、流量用体积流量表示时的管路阻抗，kg/m^7；

S_{pm}——阻力损失用压强表示、流量用质量流量表示时的管路阻抗，kg/m；

S_{Hm}——阻力损失用水头表示、流量用质量流量表示时的管路阻抗，$s^2 \cdot m/kg^2$。

三、习题详解

【习题 10-7】 如图 10-6 所示，两水池用虹吸管连接，上下游水位差 $H=2$m，管长 $l_1=3$m，$l_2=5$m，$l_3=4$m，直径 $d=200$mm，上游水面至管顶高度 $h=1$m。已知 $\lambda=0.026$，进口管 $\zeta=10$，弯头 $\zeta=1.5$（每个弯头），出口 $\zeta=1.0$，求：

（1）虹吸管中的流量；

（2）管中压强最低点的位置及其最大负压值。

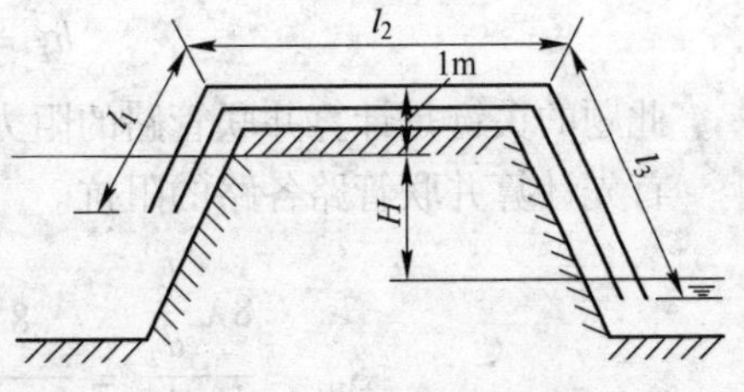

图 10-6　习题 10-7 图

解：（1）根据虹吸管流量计算公式有：

$$Q_V = \frac{\frac{1}{4}\pi d^2}{\sqrt{\Sigma\zeta + \lambda \frac{l_1 + l_2 + l_3}{d}}} \cdot \sqrt{2gH}$$

$$= \frac{\frac{1}{4}\pi \times 0.2^2}{\sqrt{10 + 1.5 \times 2 + 1 + 0.026 \times \frac{3+5+4}{0.2}}} \times \sqrt{2 \times 9.8 \times 2}$$

$$= 0.05 m^3/s$$

（2）管中压强最低点的位置为第二个转弯处，其最大负压值为：

$$\frac{p_a - p_C}{\rho g} = 1 + \frac{1 + \Sigma\zeta_1 + \lambda \dfrac{l_1 + l_2}{d}}{\Sigma\zeta + \lambda \dfrac{l_1 + l_2 + l_3}{d}} H$$

$$= 1 + \frac{1 + 10 + 1.5 \times 2 + 0.026 \times \dfrac{3 + 5}{0.2}}{10 + 1.5 \times 2 + 1 + 0.026 \times \dfrac{3 + 5 + 4}{0.2}} \times 2$$

$$= 2.93\text{m}$$

所以最大负压值为 -2.93m。

【习题 10-10】 如图 10-7 所示管路，设其中的流量 $Q_{VA} = 0.6\text{m}^3/\text{s}$，$\lambda = 0.02$，不计局部阻力，其他已知条件图中已标明，求 A、D 两点间的水头损失。

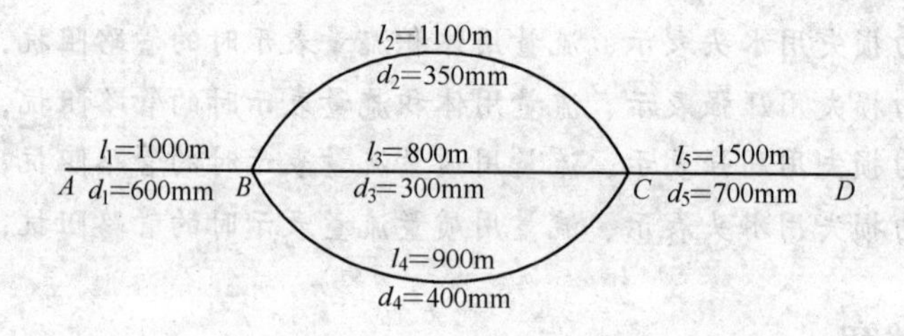

图 10-7 习题 10-10 图

解：管道总阻力等于 AB、CD 段的阻力与并联管路 BC 段阻力的和。

$$h_l = h_{lAB} + h_{lBC} + h_{lCD}$$

此题的关键是计算并联管路的阻力。

首先计算并联管路各路的阻抗。

$$S_{H2} = \frac{8\lambda \dfrac{l_2}{d_2}}{\pi^2 d_2^4 g} = \frac{8 \times 0.02 \times \dfrac{1100}{0.35}}{3.14^2 \times 0.35^4 \times 9.8} = 346.8\text{s}^2/\text{m}^5$$

$$S_{H3} = \frac{8\lambda \dfrac{l_3}{d_3}}{\pi^2 d_3^4 g} = \frac{8 \times 0.02 \times \dfrac{800}{0.30}}{3.14^2 \times 0.30^4 \times 9.8} = 545.15\text{s}^2/\text{m}^5$$

$$S_{H4} = \frac{8\lambda \dfrac{l_4}{d_4}}{\pi^2 d_4^4 g} = \frac{8 \times 0.02 \times \dfrac{900}{0.40}}{3.14^2 \times 0.40^4 \times 9.8} = 145.54\text{s}^2/\text{m}^5$$

则并联管路的阻抗为：

$$S_{HBC} = \left(\frac{1}{1/\sqrt{S_{H2}} + 1/\sqrt{S_{H3}} + 1/\sqrt{S_{H4}}}\right)^2$$

$$= \left(\frac{1}{1/\sqrt{346.8} + 1/\sqrt{545.15} + 1/\sqrt{145.54}}\right)^2$$

$$=31.06\mathrm{s}^2/\mathrm{m}^5$$

$$h_l = h_{lAB} + h_{lBC} + h_{lCD}$$

$$=(S_{\mathrm{H}AB} + S_{\mathrm{H}BC} + S_{\mathrm{H}ACD})Q_{VA}^2$$

$$=\left(\frac{8\lambda\frac{l_1}{d_1}}{\pi^2 d_1^4 g} + S_{\mathrm{H}BC} + \frac{8\lambda\frac{l_5}{d_5}}{\pi^2 d_5^4 g}\right)Q_{VA}^2$$

$$=\left(\frac{8\times 0.02\times\frac{1000}{0.60}}{3.14^2\times 0.60^4\times 9.8} + 31.06 + \frac{8\times 0.02\times\frac{1500}{0.70}}{3.14^2\times 0.70^4\times 9.8}\right)\times 0.6^2$$

$$=24.17\mathrm{m}$$

【习题 10-12】 在长为 $2l$、直径为 d 的管道上，并联一根直径相同、长为 l 的支管（见图 10-8 中虚线），若水头 H 不变，不计局部损失，试求并联支管前后的流量比。

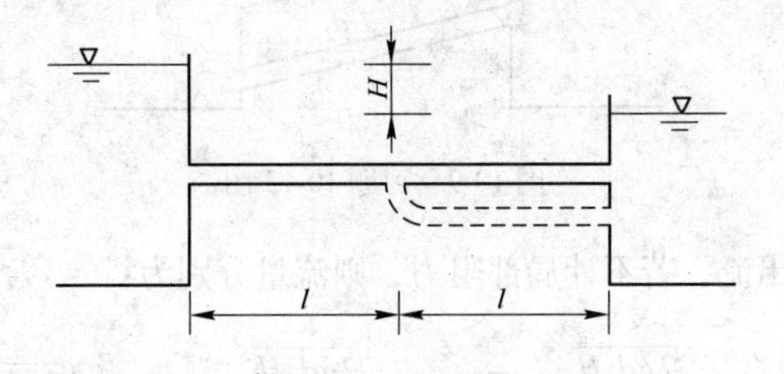

图 10-8　习题 10-12 图

解：该题为淹没出流，若不计局部阻力，则有方程：

$$H=\lambda\frac{l}{d}\frac{v^2}{2g}$$

$$Q=A\sqrt{\frac{2gdH}{\lambda l}}$$

并联支管前流量为：

$$Q_1=A\sqrt{\frac{2gdH}{2\lambda l}}=A\sqrt{\frac{gdH}{\lambda l}}$$

并联支管后，由于所并联支管管径相同、长度相同，所以阻抗相同，因此，并联管段流量等于前面管段流量的一半。若前面管段流量为 Q_2，则并联部分各管段流量为 $Q_2/2$。若前面管段流速为 v_2，根据流量和流速的关系，管径又相同，所以并联管段各管段中的流速为 $v_2/2$。

根据公式 $H=\lambda\frac{l}{d}\frac{v^2}{2g}$，则可列并联管段后的方程为：

$$H=\lambda\frac{l}{d}\frac{v_2^2}{2g}+\lambda\frac{l}{d}\frac{(v_2/2)^2}{2g}=\lambda\frac{5}{4}\frac{l}{d}\frac{v_2^2}{2g}$$

$$Q_2 = A\sqrt{\frac{8gdH}{5\lambda l}}$$

则并联管段前后的流量比为:

$$Q_1/Q_2 = \frac{A\sqrt{\dfrac{gdH}{\lambda l}}}{A\sqrt{\dfrac{8gdH}{5\lambda l}}} = \sqrt{\frac{5}{8}} = 0.791$$

【习题 10-13】 如图 10-9 所示，应用长度为 l 的两根管道，从水池 A 向水池 B 输水，其中粗管直径为细管直径的两倍，即 $d_1 = 2d_2$，两管的沿程阻力系数相同，局部阻力不计。试求两管中的流量比。

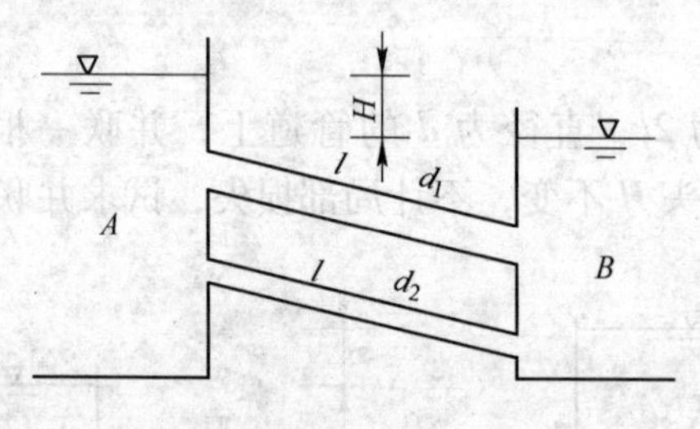

图 10-9　习题 10-13 图

解: 该题为淹没出流，若不计局部阻力，则流量分别为:

$$Q_1 = A_1\sqrt{\frac{2gd_1H}{\lambda l}} = \frac{\pi}{4}\cdot d_1^2\sqrt{\frac{2gd_1H}{\lambda l}} = \left(\frac{\pi}{4}\cdot\sqrt{\frac{2gH}{\lambda l}}\right)d_1^{2.5}$$

$$Q_2 = A_2\sqrt{\frac{2gd_2H}{\lambda l}} = \frac{\pi}{4}\cdot d_2^2\sqrt{\frac{2gd_2H}{\lambda l}} = \left(\frac{\pi}{4}\cdot\sqrt{\frac{2gH}{\lambda l}}\right)d_2^{2.5}$$

$$\frac{Q_1}{Q_2} = \frac{\left(\dfrac{\pi}{4}\cdot\sqrt{\dfrac{2gH}{\lambda l}}\right)d_1^{2.5}}{\left(\dfrac{\pi}{4}\cdot\sqrt{\dfrac{2gH}{\lambda l}}\right)d_2^{2.5}}$$

则

$$Q_1/Q_2 = (d_1/d_2)^{2.5}$$

【习题 10-14】 三层楼的自来水管道如图 10-10 所示，已知各楼层管长 $l = 4\text{m}$，直径 $d = 60\text{mm}$，各层供水口高差 $H = 3.5\text{m}$，沿程阻力系数 $\lambda = 0.03$，水龙头全开时阻力系数 $\zeta = 3$，不计其他局部阻力。试求当水龙头全开，供给每层用户的流量不少于 3L/s 时，进户压强 p_M 应为多少?

解: 由题意可知，从一层水龙头开始，以上的管段构成并联管路，由于长度不同，阻抗也不相同，流量分配也不相同。因此，先求出每个并联管路的阻抗。

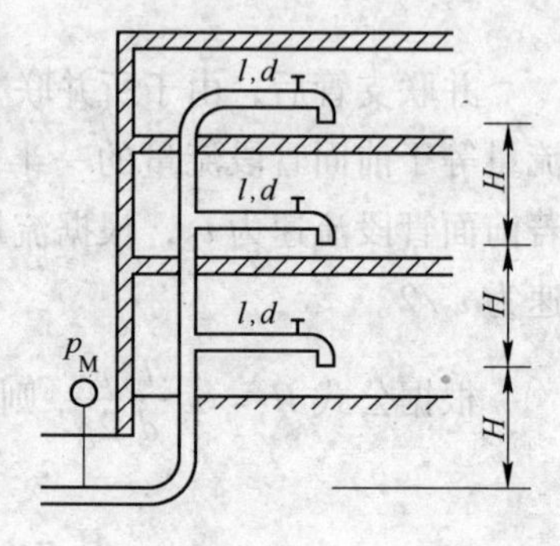

图 10-10　习题 10-14 图

1、2、3 层楼从分支点处到水龙头出口的阻抗均为：

$$S_1 = \frac{8\left(\lambda \dfrac{l}{d} + \zeta\right)}{\pi^2 d^4 g} = \frac{8 \times \left(0.03 \times \dfrac{4}{0.06} + 3\right)}{3.14^2 \times 0.06^4 \times 9.8} = 31942.55 \mathrm{s^2/m^5}$$

每层立管的阻抗为：

$$S_H = \frac{8\lambda \dfrac{H}{d}}{\pi^2 d^4 g} = \frac{8 \times 0.03 \times \dfrac{3.5}{0.06}}{3.14^2 \times 0.06^4 \times 9.8} = 11179.89 \mathrm{s^2/m^5}$$

三层立管与三层支管串联后阻抗为：

$$S_{H3} = S_H + S_1 = 11179.89 + 31942.55 = 43122.44 \mathrm{s^2/m^5}$$

若三层流量 $Q_3 = 3 \times 10^{-3} \mathrm{m^3/s}$，则二层流量为：

$$Q_2 = Q_3 \sqrt{\frac{S_{H3}}{S_1}} = 3 \times 10^{-3} \times \sqrt{\frac{43122.44}{31942.55}} = 3.49 \times 10^{-3} \mathrm{m^3/s}$$

三层立管与三层支管串联，并与二层支管并联后的总阻抗为：

$$\frac{1}{\sqrt{S_{H2-3}}} = \frac{1}{\sqrt{S_{H3}}} + \frac{1}{\sqrt{S_1}}$$

$$S_{H2-3} = \left(\frac{1}{\dfrac{1}{\sqrt{S_{H3}}} + \dfrac{1}{\sqrt{S_1}}}\right) = \left(\frac{1}{\dfrac{1}{\sqrt{43122.44}} + \dfrac{1}{\sqrt{31942.55}}}\right)^2 = 9226.44 \mathrm{s^2/m^5}$$

上述串并联管道与二层立管串联后，阻抗为：

$$S'_{H2-3} = S_{H2-3} + S_H = 9226.44 + 11179.89 = 20406.33 \mathrm{s^2/m^5}$$

则一层支管流量为：

$$Q_1 = (Q_3 + Q_2)\sqrt{\frac{S'_{H2-3}}{S_1}} = (3 + 3.49) \times 10^{-3} \times \sqrt{\frac{20406.33}{31942.55}} = 5.19 \times 10^{-3} \mathrm{m^3/s}$$

进户压强为：

$$\begin{aligned} p_M &= p_{f1} + p_{f2} + 3\rho g H + \rho g H_1 \\ &= 1000 \times 9.8 \times \{31942.55 \times (5.19 \times 10^{-3})^2 + \\ &\quad 11179.89 \times [(3 + 3.49 + 5.19) \times 10^{-3}]^2 + 3 \times 3.5 + 2\} \\ &= 145.88 \mathrm{Pa} \end{aligned}$$

四、练习题

10-1 两水箱之间用 3 根直径不同但长度相同的水平管 1、2、3 相连接。已知 $d_1 = 10\mathrm{cm}$、$d_2 = 20\mathrm{cm}$、$d_3 = 30\mathrm{cm}$、$Q_1 = 0.1\mathrm{m^3/s}$，3 根管的沿程阻力系数相等，求 Q_2、Q_3。（答案：$Q_2 = 0.566\mathrm{m^3/s}$，$Q_3 = 1.56\mathrm{m^3/s}$）

10-2 由两管组成的并联管路，其支管的直径均为 $d = 20\mathrm{mm}$，管长均为 $l = 15\mathrm{m}$，局部阻力系数分别为$\Sigma\zeta_1=20$、$\Sigma\zeta_2=15$，第一支管的沿程阻力系数$\lambda_1=0.026$，试问第二支管的沿程阻力系数λ_2为多少时，才能使两支管中的流量$Q_{V1}=Q_{V2}$。（答案：0.0327）

10-3　一水平放置的供水管由两段长度均为$l=100\text{m}$，管径分别为$d_1=0.2\text{m}$、$d_2=0.4\text{m}$的水管串联构成。输送水的运动黏度$\nu=1\times10^{-6}\text{m}^2/\text{s}$，两管由同一材料制成，内壁绝对粗糙度$K=0.05\text{mm}$。小管中平均流速$v_1=2\text{m/s}$，如果要求管道末端绝对压强$p_2=98000\text{Pa}$，求管段进口端应有的绝对压强。（答案：113353Pa）

10-4　如图10-11所示，泵通过图示串联管路将20℃的水从液面恒定的大水箱中送到距水箱液面垂直高度$H=10\text{m}$的收缩喷嘴出口，串联管路中粗细两种不同管径的管道由一个开启50%的阀门连接。细管长$l_1=50\text{m}$，直径$d_1=0.03\text{m}$，且有钟形入口一个（$\zeta_{11}=0.05$），标准法兰直角弯头3个（$\zeta_{12}=0.31\times3=0.93$），标准法兰返向弯头10个（$\zeta_{13}=0.30\times10=3.0$），$\theta=10°$的圆截面渐扩管1个（$\zeta_{14}=0.05$）。粗管长$l_2=30\text{m}$，直径$d_2=0.04\text{m}$，且有开启50%的闸阀1个（$\zeta_{21}=2.06$），标准法兰直角弯头1个（$\zeta_{22}=0.31$），收缩比$d/d_2=0.6$的收缩口1个（$\zeta_{23}=4$）。整个管路采用不锈钢管，绝对粗糙度$K=0.015\text{mm}$，流量$Q=0.003\text{m}^3/\text{s}$，效率$\eta=0.8$，试求泵功率。（答案：1.9kW）

10-5　图10-12所示的虹吸管管径$D=100\text{mm}$，虹吸管总长$L=20\text{m}$，B点以前的管段长$L_1=8\text{m}$，虹吸管的最高点B至上游水面的高度$h=4\text{m}$，两水面水位高差$H=5\text{m}$。设沿程阻力系数$\lambda=0.04$，虹吸管进口局部阻力系数$\zeta_1=0.8$，出口局部阻力系数$\zeta_2=1$，每个弯头的局部阻力系数$\zeta_3=0.9$，求虹吸管的吸水流量Q。（答案：$0.0238\text{m}^3/\text{s}$）

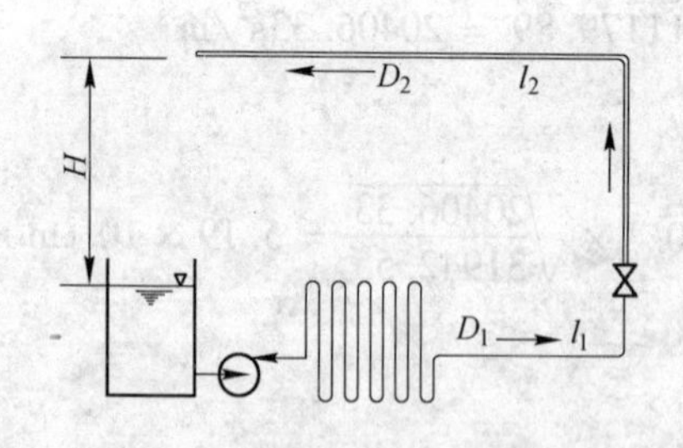

图10-11　题10-4图

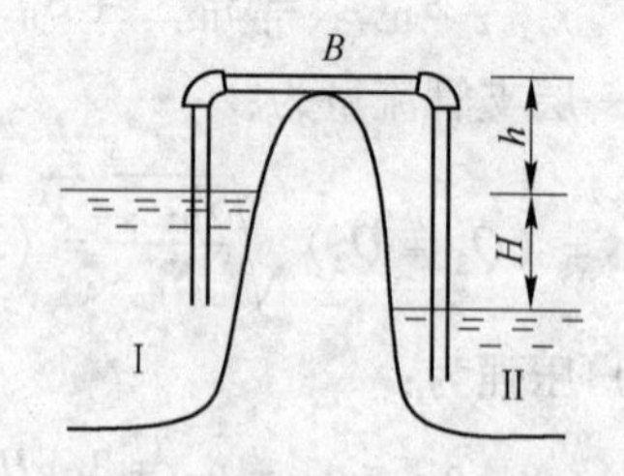

图10-12　题10-5图

10-6　粗、细串联水管路总长$L=3000\text{m}$，管壁粗糙度$K=0.38\text{mm}$，粗管内径$D_1=400\text{mm}$，细管内径$D_2=350\text{mm}$，水的运动黏度$\nu=1\times10^{-6}\text{m}^2/\text{s}$，当水流量$Q=0.19\text{m}^3/\text{s}$时，沿程损失为$h_f=25\text{m}$水柱，若不计局部阻力损失，求细管的长度。（答案：1280m）

第十一章　气体管流水力特征与水力计算

一、基本知识点

（一）气体管流水力特征

（1）气体重力管流水力特征。气体重力管流中，主要是重力对流动的作用，计算公式为$g(\rho_a-\rho)(H_2-H_1)$。当密度差$(\rho_a-\rho)$仅仅是由于温差引起时，此项又称为热压。

无机械动力的闭式管道中，流动动力取决于竖管段内的气体密度差与竖管段高度差的乘积。密度相对较大的竖管内气流向下，密度相对较小的竖管内气流向上。

（2）气体压力管流水力特征。气体压力管流的位压为0，其作用动力为上下游之间的全压差。下游和上游之间的静压关系不确定，可能减少、增加或相等。

（3）压力和重力综合作用下的气体管流水力特征。作用动力为位压和全压差之和共同作用的结果，但流动方向不确定。绝对值大者决定管流方向，绝对值小者实际上成为附加的流动阻力。

（二）流体输配管网水力计算基本原理与方法

流体输配管网的水力计算主要依据流体力学的基本原理，如一元流动连续性方程，能量方程以及管路串、并联流动的规律，还有一些基本计算方法，如压力损失的计算方法，气体状态方程求解方法等。

（三）常用的水力计算方法

根据水力计算的目的不同，水力计算常用方法有假定流速法、压损平均法和静压复得法。三种方法的比较见表11-1。

表11-1　常用水力计算方法

计算方法	特　征	适用情况	计算关键步骤
假定流速法	先按技术经济要求选定管内流速，再结合所需输送的流量，确定管道断面尺寸，进而计算管道阻力，得出需要的动力	动力未知的情况	假定流速—根据流量、流速确定管径—阻力平衡—计算总阻力—确定动力设备
压损平均法	将已定的总资用动力，按干管长度平均分配给每一管段，以此确定管段阻力，再根据每一管段的流量确定管道断面尺寸	管道系统所用的动力设备型号已定，或对分支管路进行压损平衡计算	根据资用动力—计算单位长度上的压力损失—根据流量确定管径—并联支路的计算

续表 11-1

计算方法	特　征	适用情况	计算关键步骤
静压复得法	通过改变管道断面尺寸，降低管内流速，维持较高的管内静压，以保证要求的出口流速	适合于均匀送风的情况	确定管道出口流速—确定静压和流量—全压和管道断面尺寸—依次计算其余风口

（四）通风空调工程气体输配管网水力计算

通风工程中需要计算管径和匹配动力，因此，使用假定流速法进行计算，计算步骤如下。

（1）确定最不利环路的管内流速和管道断面尺寸。

1）绘制风管系统轴侧图。

2）根据相关资料确定管内的经济流速。

3）根据选定的经济流速和风量，初步确定各管段断面尺寸。对管径进行圆整，使其符合通风管道的统一规格。按调整好的断面尺寸计算管内实际流速。

（2）风管阻力计算。选择最不利管路，计算其阻力损失。

1）沿程阻力计算。根据流量和管径，通过计算表或线算图计算比摩阻，进行修正后，计算沿程阻力。

2）局部阻力计算。采用局部阻力计算公式计算风管局部阻力。

（3）并联管路的阻力平衡。为使并联支管的设计风量相等，需要进行并联管路阻力平衡，使各并联管路的流动阻力相等。由于管材规格和管内流速的限制，并联管路不能够实现完全平衡，因此，工程上允许两并联管路的计算阻力存在一定的偏差，两支管的计算阻力差应不超过15%，含尘风管应不超过10%。

为使管路阻力平衡，可采取以下两种办法进行调节。

1）调整支管管径。通过改变支管管径来调整支管阻力，达到阻力平衡。调整后的管径按式（11-1）计算：

$$D' = D\left(\frac{\Delta p_i}{\Delta p_i'}\right)^{0.225} \tag{11-1}$$

式中　D'——调整后的管径，mm；

D——原设计的管径，mm；

Δp_i——原设计的支管阻力，Pa；

$\Delta p_i'$——要求达到的支管阻力，Pa。

2）阀门调节。通过改变阀门开度，调节管道阻力。

（4）系统总阻力计算与管网特性曲线绘制。系统总阻力等于最不利环路所有串联管段阻力之和。根据管网阻力特性曲线方程（见式（11-2））绘制管网曲线。根据系统总阻力、风量、管网曲线来选择合适的动力设备。

$$\Delta p = SQ^2 \tag{11-2}$$

式中　S——管网阻抗，kg/m^7；

Q——管网总流量，m^3/s。

（五）均匀送风管道设计

均匀送风管道是将等量的空气，沿风管侧壁的成排孔口或短管均匀送出。均匀送风管道的设计一般采用静压复得法进行设计计算。

（1）实现均匀送风可采取的措施。

1）在孔口上设置不同的阻体，使不同的孔口具有不同的阻力。

2）采用锥形风管改变送风管断面面积，使管内静压基本保持不变。

3）根据管内静压变化改变孔口面积。

4）增大送风管段面积，减小孔口面积。

（2）实现均匀送风的基本条件。

1）两侧孔间静压相等的条件是两侧孔间的动压降等于两侧孔间的阻力。

2）保持各侧孔流量系数相等。在 $\alpha \geqslant 60°$、$\overline{Q}_0 = 0.1 \sim 0.5$ 范围内，对于锐缘孔口可取 $\mu \approx 0.6 \approx$ 常数。

3）增大出流角 α。要保持 $\alpha \geqslant 60°$，必须使 $p_j/p_d \geqslant 3.0$（$v_j/v_d \geqslant 1.73$）。

（3）均匀送风管道的计算方法。

1）根据风量 Q、侧孔个数、侧孔间距等参数，拟定孔口平均流速 v_0，计算孔口的静压速度 v_j 和侧孔面积 A_0。

2）按 $v_j/v_d \geqslant 1.73$ 的原则设定 v_{d1}，求出第一侧孔前管道断面 1 处直径 D_1（或断面尺寸），确定断面 1 的全压 p_{q1}。

3）计算 1—2 管段的阻力，求出断面 2 的全压 p_{q2}。根据 p_{q2} 得到 p_{d2}，从而计算出断面 2 处直径。

4）依次类推，可求得其余各断面直径 D_3，D_4，…，D_{n-1}，D_n。最后把各断面连接起来，成为一条锥形风管。

5）断面 1 应具有的全压即为此均匀送风管道的总阻力。

二、难点

为什么送风管段面积和孔口面积不变时，送风不均匀?

当送风管段面积和孔口面积不变时，随气体的流出，管内气体体积流量不断减小，动压不断降低，管内静压不断增大，因此出口流速随之增大，送风不均匀。

燃气管网的水力计算与通风管网水力计算、均匀送风管路水力计算有什么不同?

在通风管网的水力计算中，由于动力设备未定，一般采用假定流速法。计算过程中，先假定流速，选择管径，计算阻力，选定动力设备。而均匀送风则采用静压复得法以达到均匀送风的目的。燃气管网的水力计算与上述两种气体管路系统有所不同。由于燃气管网的动力设备集中在储配站，燃气输送到用户后靠调压器进行调节，因此，燃气管网的动力设备往往是已知的，故采用压损平均法进行计算。

“所有管网的并联管路阻力都应相等”这种说法对吗？

“所有管网的并联管路阻力都应相等”这种说法不对。这种说法只有在资用动力相等的情况下才成立。在考虑重力作用和机械动力同时作用的管网中，两并联管路的流动资用动力可能由于重力作用而不等，而并联管路中各支路流动阻力等于其资用动力，在这种情况下并联管路阻力不相等，其差值为重力作用在该并联管路上的作用差。

为什么在冬季居室内白天感觉较舒适，而夜间感觉不舒适？

白天太阳辐射使阳台区空气温度上升，致使阳台区空气密度比居室内空气密度小，因此，空气从上通风口流入居室内，从下通风口流出居室，形成循环流动，提高了居室内温度，床处于回风区附近，风速不明显，感觉舒适；夜晚阳台区温度低于居室内温度，空气反向流动，冷空气从下通风口流入，上通风口流出，床位于送风区，床上的人有比较明显的吹冷风感，因此，感觉不舒适。

三、习题详解

【习题 11-1】 图 11-1 为某建筑卫生间通风示意图。试分析冬季机械动力和位压作用之间的关系。

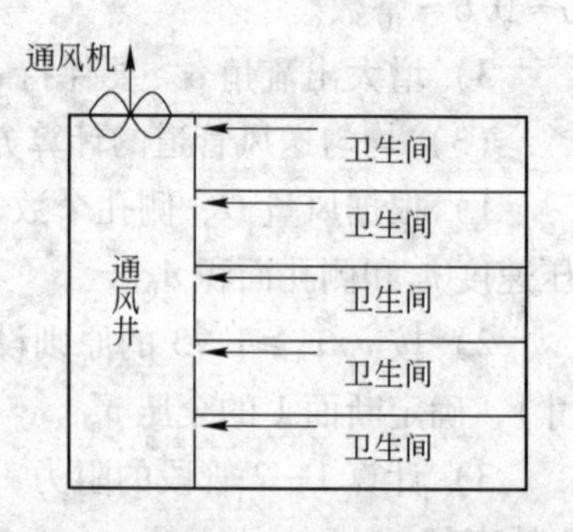

图 11-1　习题 11-1 图

答：冬季室外空气温度低于通风井内空气温度，热压使通风井内空气向上运动，有利于气体的排出，此时热压增加了机械动力的通风能力；夏季室外空气温度比通风竖井内空气温度高，热压使用通风井内空气向下流动，削弱了机械动力的通风能力，不利于卫生间的排气。

【习题 11-3】 水力计算过程中，为什么要对并联管路进行阻力平衡，怎样进行？

答：流体输配管网要满足一定流量分配的要求，即设计流量的要求。当各并联管路的资用动力相等时，各并联管路的流动阻力必然相等。为了保证各管路达到预期的风量，在水力计算中，应使并联支管的计算阻力尽量相等，不能超过一定的偏差值，两支管的计算阻力差值不应超过 15%，含尘风管应不超过 10%。如果并联管段计算阻力相差太大，则管网实际运行时，并联管段的阻力会自动平衡，此时，并联管段的实际流量会偏离设计值。因此，要对管段进行阻力平衡。

当采用假定流速法进行并联管路阻力平衡计算时，在完成最不利环路水力计算后，再对各并联支路进行水力计算，计算出并联管路的阻力并进行比较。不平衡率超过要求时，通常采用调整并联支路管径或在并联支路上增设调节阀的方法调整支路阻力。并联管路的阻力平衡也可以采用压损平均法进行。根据最不利环路上的资用动力，确定各并联支路的比摩阻，再根据该比摩阻和要求的流量，确定各并联支路的管段尺寸，这样计算出的各并联支路的阻力和各自的资用动力基本相等，达到并联管路的阻力平衡要求。

【习题 11-5】 如图 11-2 所示通风系统，各管段的设计流速和计算阻力如表 11-2 所示。试求：

（1）系统风机的全压和风量应为多少？

（2）各设计风量能否实现？若运行时，测得1号排风口的风量为$4000m^3/h$，2号、3号排风口的风量是多少？

（3）若运行中需要增加1号排风口的风量，应怎样调节？

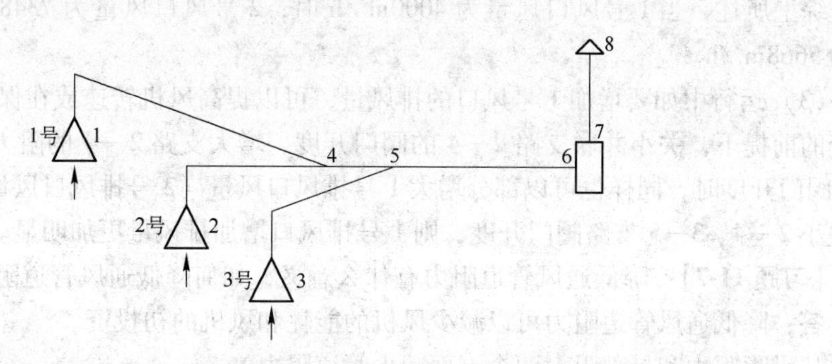

图11-2　习题11-5图

表11-2　习题11-5表

管　段	1—4	2—4	4—5	3—5	5—6	7—8
设计流量	4000	6000	10000	5000	15000	15000
设计流速	6	6	10	8	10	12
计算阻力	180	120	60	200	120	250

解：（1）选择1—4—5—6—7—8为最不利环路，其计算阻力为：

$$p_l = p_{l1-4} + p_{l4-5} + p_{l5-6} + p_{l7-8} = 180 + 60 + 120 + 250 = 610\text{Pa}$$

考虑10%的富余量，风机全压：

$$p = 1.1 \times 610 \approx 670\text{Pa}$$

系统所有风量之和为$15000m^3/h$，考虑10%的富余量，选用风机风量：

$$Q = 1.1 \times 15000 = 16500\text{m}^3/\text{h}$$

（2）各设计风量不能实现，因为各并联环路未实现压力平衡。

当1号风口风量为$4000m^3/h$时，可知$p_{l1-4} = 180Pa$；因为管段1—4与管段2—4并联，则p_{l2-4}也应为180Pa。

从而，对管段2—4有：

$$S_{2-4} \times 6000^2 = 120$$

$$S_{2-4} \cdot Q_{2-4}^2 = 180$$

计算可得：

$$Q_{2-4} = 7348\text{m}^3/\text{h}$$

管段4—5中风量$Q_{4-5} = 7348 + 4000 = 11348m^3/h$；从而，同理可计算得到$p_{l4-5} = 77Pa$。

$$p_{l1-4-5} = 180 + 77 = 257\text{Pa}$$

所以

$$p_{l3-5} = 257\text{Pa}$$

则可得：

$$Q_{3-5} = 5668\text{m}^3/\text{h}$$

综上所述，当1号风口风量为4000m³/h时，2号风口风量为7348m³/h，3号风口风量为5668m³/h。

（3）运行中如要增加1号风口的排风量，可以提高风机转速或在保持风机全压和流量不变的前提下，关小并联支路2—4的阀门开度，增大支路2—4的阻力；当关小支路3—5的阀门开度时，同样也可以部分增大1号排风口风量（2号排风口风量也同时增加）；同时关小2—4、3—5支路阀门开度，则1号排风口增加排风量更加明显。

【习题11-7】 降低通风管道阻力有什么意义，如何降低通风管道阻力？

答：降低通风管道阻力可以减少风机的能耗和风机的初投资。

从沿程阻力和局部阻力两个方面减少管道阻力。

降低沿程阻力的措施主要有：

（1）尽可能使用表面光滑的材料制作风道。

（2）使用尽可能短的管道连接。

减少局部阻力的措施有：

（1）弯头的曲率半径不宜过小。

（2）尽量采用阻力小且满足设计要求的三通，当管径较大时，应在转弯处设置导流板。

（3）尽量避免风道断面的突然变化。

（4）风管上各管件在布置时相隔一定距离，以免管件之间相互影响。

【习题11-9】 调节风管支管断面尺寸而使并联管路阻力平衡的方法，实质上是分别改变什么参数使管道什么阻力发生变化，适合在什么情况下使用？

答：调节风管支管断面尺寸使并联管路阻力平衡，使空气流速改变，从而使管路的沿程阻力发生变化。该方法在支管与干管连接三通的局部阻力不变条件下使用。

四、练习题

11-1　流体输配管网水力计算的目的是什么？

11-2　常用的水力计算方法有哪些？试分析其特点与适用情况。

11-3　根据均匀送风的设计原理，说明下列三种结构形式为什么能达到均匀送风的目的，在设计原理上有何不同？

（1）风管断面尺寸改变，送风口面积保持不变。

（2）风管断面尺寸不变，送风口面积改变。

（3）风管断面尺寸和送风口面积都不变。

11-4　有一表面光滑的砖砌风道（$K = 3\text{mm}$），横断面尺寸为500mm×400mm，流量$Q = 1\text{m}^3/\text{s}$，求单位长度摩擦阻力。（答案：1.22Pa/m）

11-5　如图11-3所示，总风量为8000m³/h的圆形均匀送风管道，采用8个等面积的侧孔送风，孔间距为1.5m。试确定各断面直径及总阻力。（答案：侧孔面积为$0.062m^2$；各断面直径$D_1=0.84m$；$D_2=0.80m$；$D_3=0.75m$；$D_4=0.70m$；$D_5=0.63m$；$D_6=0.55m$；$D_7=0.50m$；$D_8=0.30m$；总阻力为43.4Pa）

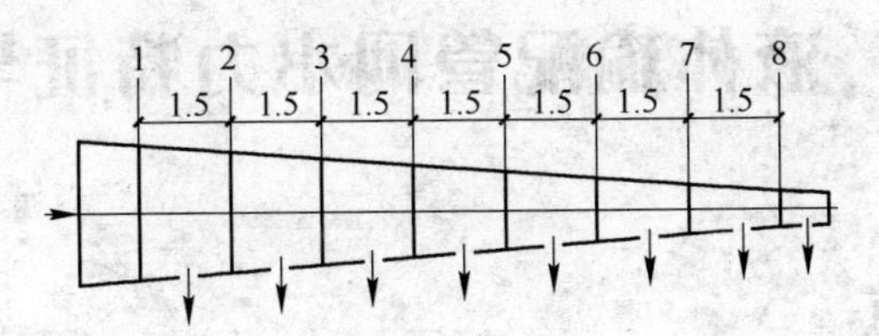

图11-3　圆形变截面均匀送风系统

11-6　某厂铸造车间决定采用低压吸送式气力送砂，其系统如图11-4所示。要求输料量（新砂）$Q_{m1}=11000kg/h$，已知物料密度$\rho_1=2650kg/m^3$，输料管倾角70°，车间内空气温度22℃。通过计算确定该系统的管径、设备规格和阻力。（答案：总阻力为6923Pa；风机所需风量为$1.46m^3/s$，所需压力为847mmH_2O）

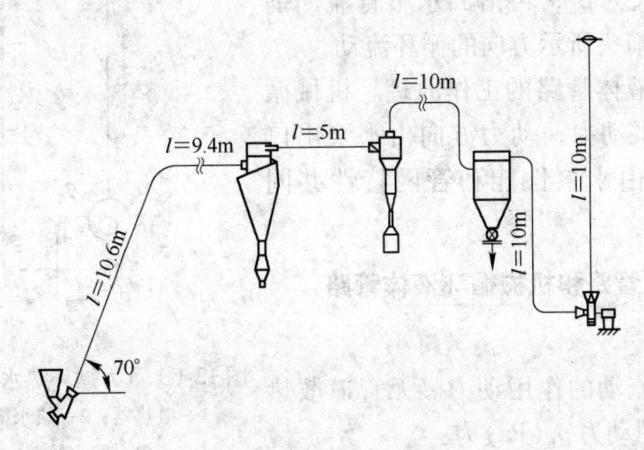

图11-4　低压吸送式气力送砂系统

第十二章　液体输配管网水力特征与水力计算

一、基本知识点

（一）重力循环液体管路和机械循环液体管路的工作原理

（1）重力循环液体管路的工作原理。如图12-1所示，当水在锅炉内被加热后，密度减小为ρ_g，沿供水干管上升，流入散热器。在散热器内水被冷却，密度增大为ρ_h，再沿回水干管流回锅炉，形成如图12-1箭头所示方向的循环流动。

（2）机械循环液体管路的工作原理。机械循环液体管路靠泵提供动力，动力方向由水泵出口的方向决定，大小由水泵性能和管网特性共同决定。

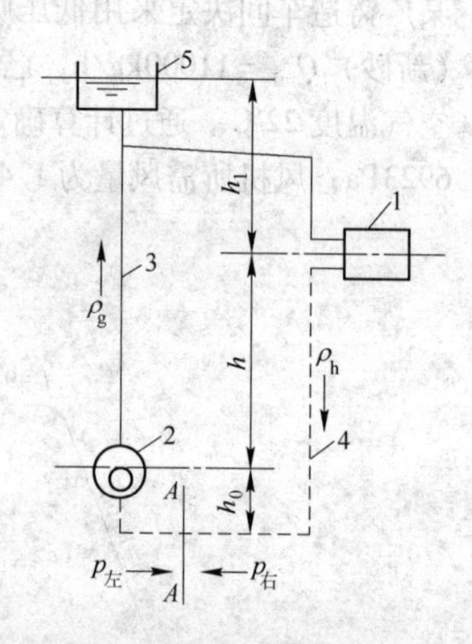

图12-1　重力循环热水供热系统工作原理图
1—散热器；2—热水锅炉；3—供水管路；4—回水管路；5—膨胀水箱

（二）重力循环液体管路和机械循环液体管路的作用动力

（1）重力循环流动的作用动力。无管道散热重力循环的环路作用动力p_h(Pa)为：

$$p_h = gh(\rho_h - \rho_g)$$

式中　g——重力加速度，取$9.81 m/s^2$；

h——冷却中心至热源中心的高差，m；

ρ_h——回水密度，kg/m^3；

ρ_g——供水密度，kg/m^3。

若考虑管道散热，重力循环中需增加由于水在循环环路中冷却所产生的附加作用动力Δp_f。但通过不同立管和楼层的循环环路的附加作用动力Δp_f是不同的，需要按供热工程手册中相关数据选定。即总的重力循环作用动力p_{zh}（Pa），可用式（12-1）表示：

$$p_{zh} = \Delta p_h + \Delta p_f \tag{12-1}$$

式中　Δp_h——重力循环系统中，水在冷却中心内冷却所产生的作用动力，Pa；

Δp_f——水在循环管路中冷却所产生的附加作用动力，Pa。

（2）机械循环流动的能量方程。机械循环流动的能量方程和重力循环能量方程的区别在于循环作用动力增加了水泵提供的动力p，即

$$p + \Delta p_h + \Delta p_f = p_l$$

式中 p——水泵动力，Pa；

Δp_h——机械循环系统中，水在散热器内冷却所产生的作用动力，Pa；

Δp_f——水在循环环路中冷却的附加作用压力，Pa；

p_l——总的阻力损失，Pa。

通常机械循环管网中，重力作用动力与水泵作用动力相比很小，对整个管网来说可忽略不计，能量方程可简化为：

$$p = p_l$$

在局部并联管路中，重力作用动力仍对并联立管的流量分配产生明显影响，在进行并联立管的阻力平衡时应计算重力作用。

（三）重力循环液体管网的水力特征

1. 重力循环液体管网并联环路的水力特征

重力循环液体管网并联环路也称为双管系统，如图 12-2 所示。各层散热器的进出水温度相同，但循环作用动力相差很大。

（1）并联环路的作用动力。在供热系统中，由于供水同时在上、下两层散热器内冷却，形成了两个并联环路 aS_1ba 和 aS_2ba，两个冷却中心 S_1 和 S_2，它们的作用动力分别为：

$$\Delta p_1 = gh_1(\rho_h - \rho_g)$$

$$\Delta p_2 = g(h_1 + h_2)(\rho_h - \rho_g) = p_1 + gh_2(\rho_h - \rho_g)$$

式中 Δp_1——通过底层散热器 aS_1ba 环路的作用动力，Pa；

Δp_2——通过上层散热器 aS_2ba 环路的作用动力，Pa。

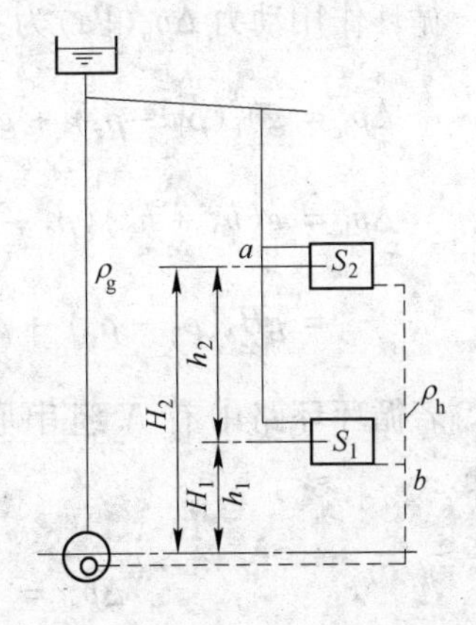

图 12-2 并联系统（双管管路）

由此可见：通过上层散热器环路的作用动力比通过底层散热器的大，其差值为 $gh_2(\rho_h - \rho_g)$，散热器之间的高差 h_2 越大，环路作用动力差异就越大。

（2）热用户的设计流量的确定。采暖及闭式热水供热系统生活热水热用户的设计流量，可按式（12-2）计算。

$$Q'_m = \frac{Q'}{c(t'_1 - t'_2)} \times 3.6 \tag{12-2}$$

式中 Q'_m——热用户的设计流量，t/h；

Q'——热用户的设计热负荷，W；

c——水的质量热容，J/(kg · ℃)，取 4187J/(kg · ℃)；

t'_1——各种热用户相应的热网供水温度,℃;

t'_2——各种热用户相应的热网回水温度,℃。

(3) 并联系统中的垂直失调现象。在双管系统中，由于各层散热器与锅炉的高差不同，上层作用动力大，下层动力小，若管道、散热器尺寸相同，则上层散热器的流量会显著大于下层。即使进入和流出各层散热器的供、回水温度相同（不考虑管路沿途冷却的影响），由于流量分配不均，必然出现上热下冷的现象。

在供暖建筑物内，同一竖向的各层房间的室温不符合设计要求而出现上、下层冷热不匀的现象，通常称作系统垂直失调。双管系统的垂直失调，是由于各层所在环路的循环作用动力不同而引起的。楼层数越多，最上层和最下层的作用动力差值越大，垂直失调就会越严重。

2. 重力循环液体管网串联环路的水力特征

(1) 循环作用动力。重力循环液体管网串联环路也称为单管系统，如图 12-3 所示。热水采暖单管系统的特点是热水顺序流经多组散热器，逐个冷却后返回热源。各层散热器循环作用动力相同，但进、出口水温不同，越靠近下层，进水温度越低。

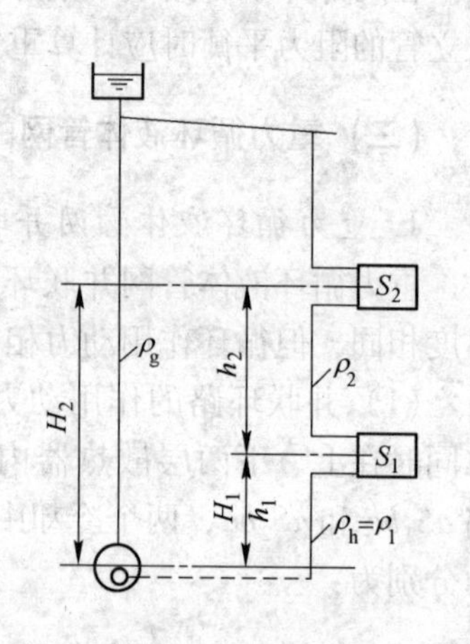

图 12-3 串联系统（单管管路）

循环作用动力 Δp_h(Pa)为：

$$\Delta p_h = gh_1(\rho_1 - \rho_g) + gh_2(\rho_2 - \rho_g)$$

$$\begin{aligned}\Delta p_h &= g(h_1 + h_2)(\rho_2 - \rho_g) + gh_1(\rho_1 - \rho_2)\\ &= gH_2(\rho_2 - \rho_g) + gH_1(\rho_1 - \rho_2)\end{aligned}$$

若循环环路中有 N 组串联的冷却中心（散热器），循环作用动力可用式（12-3）表示：

$$\Delta p_h = \sum_{i=1}^{N} gh_i(\rho_i - \rho_g) = \sum_{i=1}^{N} gH_i(\rho_i - \rho_{i+1}) \tag{12-3}$$

式中 N——循环环路中冷却中心总数；

i——冷却中心的顺序数，按逆流方向排序，即沿流动方向的最后一组散热器为 $i=1$；

g——重力加速度，9.81m/s²；

h_i——从计算的冷却中心 i 到冷却中心 $i-1$ 之间的垂直距离，当计算的冷却中心 $i=1$ 时，h_i 表示与锅炉中心的垂直距离，m；

ρ_g——采暖系统供水的密度，kg/m³；

H_i——从计算的冷却中心到锅炉中心之间的垂直距离，m；

ρ_i——流出所计算的冷却中心的水的密度，kg/m³；

ρ_{i+1}——进入所计算的冷却中心 i 的水的密度，当 $i=N$ 时，$\rho_{i+1}=\rho_g$，kg/m³。

若干个冷却中心串联形成的回路，其作用动力和水温变化、加热中心与冷却中心的高差以及冷却中心数目等因素有关。同一环路上，各串联冷却中心不论位置高低，循环作用动力相同，即使最底层的散热器低于锅炉中心（h_1 为负值），也可使水循环流动。

（2）各散热器之间的水温。为了求出各个冷却中心之间管路中水的密度 ρ_i，首先要确定各散热器之间管路的水温 t_i。串联 N 个散热器的环路，流出第 i 个散热器的水温 t_i，可按式（12-4）计算：

$$t_i = t_g - \frac{\sum_{i}^{N} Q_i}{\sum Q}(t_g - t_h) \tag{12-4}$$

式中 t_i——流出第 i 组散热器的水温,℃；

ΣQ——立管的总热负荷，W；

$\sum_{i}^{N} Q_i$——在第 i 组（包括第 i 组）散热器上游的全部散热器的热负荷，W；

t_g，t_h——立管的供、回水温度,℃。

（3）串联环路的垂直失调现象。串联环路垂直失调是指在串联环路中，顶层散热器与底层散热器入口水温不同，导致各层散热器热负荷出现差异的现象。此时，流经各层散热器的作用动力是相同的。

上述分析没有考虑水在管路中沿途冷却的因素。水的温度和密度沿循环环路不断变化，它不仅影响各层散热器的进、出口水温，同时也增大了循环作用动力。由于重力循环作用动力不大，在确定实际循环作用动力大小时，必须将水在管路中冷却所产生的作用动力考虑在内。

（四）液体管网的水力计算

（1）沿程阻力计算公式。单位长度管道沿程阻力（比摩阻）R_m(Pa/m)的计算式为：

$$R_m = 6.25 \times 10^{-8} \frac{\lambda}{\rho} \frac{Q_m^2}{d^5}$$

式中 λ——管道沿程阻力系数；

ρ——液体密度，kg/m^3；

Q_m——管内流量，kg/h；

d——管道内径，m。

沿程阻力系数计算式为：

$$\frac{1}{\sqrt{\lambda}} = -2.0\lg\left(\frac{K}{3.71d} + \frac{2.51}{Re\sqrt{\lambda}}\right)$$

$$\lambda = 0.11\left(\frac{K}{d} + \frac{68}{Re}\right)^{0.25}$$

室内闭式冷热水管网（热水采暖和空调冷冻水等）用的钢管 $K=0.2$mm，开式及室外管网 $K=0.5$mm。

沿程阻力计算图（见图12-4）是根据莫迪公式（见式12-5）绘制的，其条件为 $K=0.3$mm，水温20℃，可用于冷水管网的阻力计算。

$$\lambda = 0.0055\left[1 + \left(20000\frac{K}{d} + \frac{10^6}{Re}\right)^{1/3}\right] \tag{12-5}$$

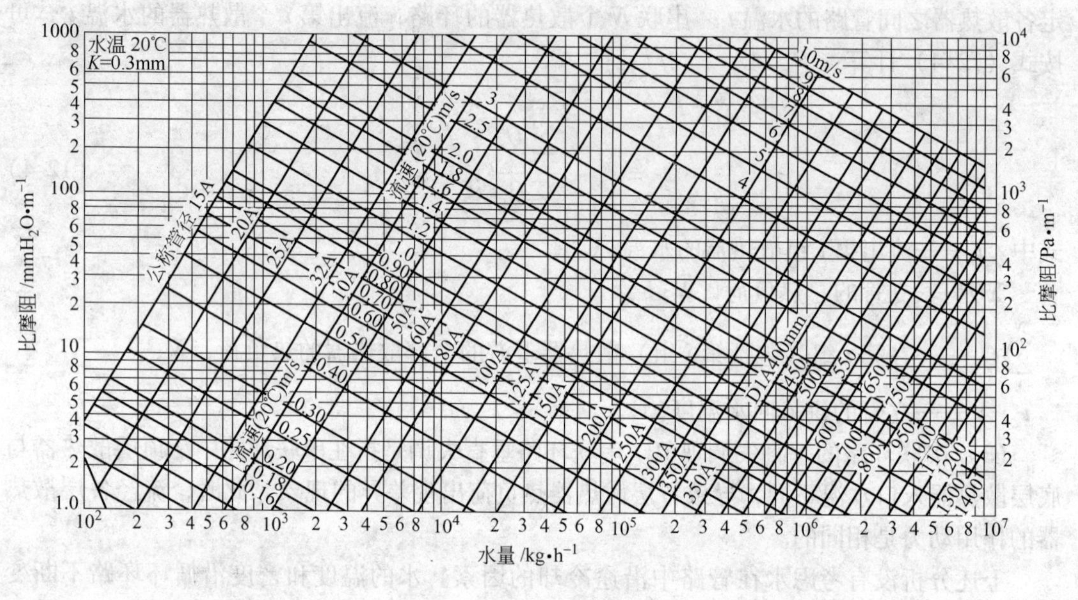

图 12-4 水管路计算图

（2）局部阻力计算公式。局部阻力 p_m(Pa)使用通用的计算公式为：

$$p_m = \zeta\frac{\rho v^2}{2}$$

表 12-1 列出了一些阀门、管件的局部阻力系数。表 12-2 给出了空调水系统中一些设备的阻力。更多的局部阻力系数可从各专业设计手册中查得。

表 12-1 局部阻力系数

名 称	形 式	ζ
球形（截止阀）阀	全开 DN40 以下	15.0
	DN50 以上	7.0
角 阀	全开 DN40 以下	8.5
	DN50 以上	3.9
闸 阀	全开 DN40 以下	0.27
	DN50 以上	0.18
止回阀		2.0
90°弯头	短 的	0.26
	长 的	0.20

续表 12-1

名　称	形　式	ζ
三　通		3.0 1.8 1.5 0.68
突然扩大	$d/D=1/2$	0.55
突然缩小	$d/D=1/2$	0.36

表 12-2　设备压力损失

设备名称		阻力/kPa	备　注
离心式冷冻机	蒸发器	30～80	按不同产品而定
	冷凝器	30～80	
吸收式冷冻机	蒸发器	40～100	按不同产品而定
	冷凝器	50～140	
冷却塔		20～80	不同喷雾压力
冷热水盘管		20～50	水流速度在 0.8～1.5m/s 之间
风机盘管机组		10～20	风机盘管容量愈大，阻力愈大，最大 30kPa 左右
自动控制阀		30～50	

（五）液体管网水力计算的主要任务和方法

液体管网水力计算的主要任务通常有以下四种：

（1）按已知系统各管段的流量和系统的循环作用动力，确定各管段管径。

由于作用动力已定，宜采用压损平均法。可以预先求出最不利循环环路或分支环路的平均比摩阻 R_{pj}(Pa/m)，即

$$R_{pj}=\frac{\alpha p_l}{\sum l}$$

式中　α——沿程损失占总损失的百分数，%；

p_l——最不利循环环路或分支环路的循环作用动力，Pa；

$\sum l$——最不利循环环路或分支环路的管路总长度，m。

根据算出的 R_{pj} 及环路中各管段的流量，利用水力计算图，可选出最接近的管径，并求出最不利循环环路或分支环路中各管段的实际压力损失和整个环路的总压力损失值。

（2）按已知系统各管段的流量和各管段管径，确定系统所必需的循环作用动力。

根据最不利循环环路管段流量和已知管段管径，利用水力计算图，确定该循环环路各管段的压力损失以及系统必需的循环作用动力，并校核循环水泵是否满足要求。

（3）按已知系统各管段的流量，确定各管段管径和系统所需循环作用动力。采用假定流速法。此时选定的 v 和 R_m，常采用经济值，相应称为经济流速和经济比摩阻。在采暖系

统设计中，R_{pj}值一般取60～120Pa/m为宜。

（4）按已知系统各管段管径和该管段允许压降，确定该管段的流量。

热水采暖系统采用“不等温降”水力计算方法就是按此方法进行计算的，对已有的热水采暖系统，管段作用压头已知，校核各管段通过的流量。

热水采暖系统其他分支循环环路独用管段（不包括共用管段）的计算压力损失与其资用动力的相对差额，不应大于±15%。

在实际设计过程中，为了平衡各并联环路的压力损失，往往需要提高近循环环路独用管段（分支管段）的比摩阻和流速。但流速过大会使管道产生噪声。因此采暖系统最大允许的水流速不大于下列数值：

民用建筑　　1.2m/s

生产厂房的辅助建筑物　　2m/s

生产厂房　　3m/s

整个热水采暖系统总的计算压力损失，应考虑10%的附加值，以此确定系统必需的循环作用动力。

（六）机械循环室内水系统的水力计算方法

对于机械循环双管系统，由于水在各层散热器冷却所形成的重力循环作用动力不相等，在进行各立管散热器并联环路的水力计算时，应将重力循环作用动力计算在内，不可忽略。

对于机械循环单管系统，如果建筑物各部分层数相同，每根立管所产生的重力循环作用动力近似相等，可忽略不计；如果建筑物各部分层数不同，高度和各层热负荷分配比不同的立管之间所产生的重力循环作用动力不相等，在计算各立管之间并联环路的压力损失不平衡率时，应将其重力循环作用动力的差额计算在内。重力循环作用动力可按设计工况下最大值的2/3计算（约相应于采暖期平均水温下的作用动力）。

1. 同程式系统的计算

同程式系统的特点是通过各个并联环路的总长度相等。在供暖半径较大（一般超过50m）的室内热水采暖系统中，应用同程式系统较普遍。其水力计算方法和步骤如下：

（1）计算通过最远立管的环路。确定供水干管各个管段、最远立管和回水总干管的管径及其压力损失。

（2）用同样方法，计算通过最近立管的环路，从而确定出最近立管、回水干管各管段管径及其压力损失。

（3）求最远立管和最近立管的压力损失不平衡率，应使其在±5%以内。

（4）计算系统的总压力损失及其他各立管的资用动力。

（5）确定其他立管管径。根据各立管的资用动力和立管各管段流量，选用合适的立管管径。方法与（1）、（2）相同。

（6）求各立管的不平衡率。根据立管的资用动力和立管的计算压力损失，求各立管的不平衡率。不平衡率应在±10%以内。

（7）计算系统总阻力，获得管网特性曲线，为选水泵作准备。

上述方法都是采用了末端换热设备（散热器）中水的温降（供、回水温差）相等的预先假定，由此也就预先确定了支管的流量。

2. 异程式系统的水力计算

采用等温降方法进行异程式系统的水力计算，立管间计算压损不平衡率往往难以满足要求。

不等温降的水力计算方法，是指在单管系统中各立管的温降各不相等的水力计算方法。它以并联环路节点压力平衡的基本原理进行水力计算。在热水供暖系统的并联环路上，当其中一个并联支路节点压力损失 p_l 确定后，对另一个并联支路，预先给定其管径 d（不是预先给定流量），从而确定通过该立管的流量以及该立管的实际温度降。

（1）给定最远立管的温降。一般按设计温降增加 2～5℃。由此求出最远立管的计算流量 Q_m。根据该立管的流量，选用 R_m（或 v）值，确定最远立管管径和环路末端供、回水干管的管径及相应的压力损失值。

（2）确定环路最末端的第二根立管的管径。该立管与上述计算管段为并联管路。根据已知节点的压力损失 p、给定该立管管径，从而确定通过环路最末端的第二根立管的计算流量及其计算温度降。

（3）按照上述方法，由远至近，依次确定出该环路供、回水干管各管段的管径及其相应的压力损失以及各立管的管径、计算流量和计算温度降。

（4）系统中有多个分支循环环路时，按上述方法计算各个分支循环环路。计算得出的各循环环路在节点压力平衡状况下的流量总和，一般都不会等于设计要求的总流量，需要最后根据并联环路流量分配和压降变化规律，对初步计算出的各循环环路的流量、温降和压降进行调整。最后确定各立管散热器所需的面积。

使用不等温降法的前提条件是散热器的传热面积可随意调节。

（七）室外热水供水管网的水力计算

室外热水供热管网水力计算的主要任务与室内管网相同。

（1）按已知的热媒流量，确定管道直径，计算压力损失。

（2）按已知热媒流量和管道直径，计算管道的压力损失。

（3）按已知管道直径和允许压力损失，计算或校核管道流量。

根据管网水力计算结果，确定管网循环水泵的流量和扬程。在水力计算的基础上绘出水压图，确定管网与用户的连接方式，选择管网和用户的自控措施，并进一步对管网工况（即管网热媒的流量和压力状况）进行分析，从而掌握管网中热媒的流动变化规律。

二、难点

液体管网与气体管网的区别。

液体管网与气体管网的根本区别在于管内液体的密度是管外空气密度的1000倍左右。因而能量方程中的位压 $g(\rho_a-\rho)(H_2-H_1)$ 可简化为 $g\rho(H_1-H_2)$，称为液柱压力。液柱压力对液体管网的正常运行影响很大，需要充分注意。

重力循环管路和机械循环管路的区别。

重力循环的作用动力受供回水的密度差和冷却中心与加热中心高程差的影响。其大小和方向取决于整个管网内的沿程温度分布。重力循环液体管网由水泵动力和重力共同作用，克服循环阻力，维持循环流动。要注意重力作用的方向，当重力作用方向与水泵动力方向相反时，它实际上成了循环阻力。机械循环液体管网与重力循环液体管网的主要区别在于设置了循环水泵，靠水泵动力克服循环流动阻力，维持循环。机械循环的动力从水泵所在位置输入，由于水泵提供的作用动力很大，机械循环管网的服务范围可以很大，常常用于多幢建筑和区域的供暖、供冷。

重力循环各并联管路的阻力与流量分配关系。

并联管路中每个环路的流动阻力等于独用管路阻力与共用管路阻力之和。所以，当各并联管路中重力作用不相等时，各并联管路的资用动力不相等，使得并联管路的阻力不相等。此时，流量与阻抗的平方根成反比的结论不成立。即：

$$Q_1 : Q_2 \neq \frac{1}{\sqrt{S_1}} : \frac{1}{\sqrt{S_2}}$$

独用管路的阻力是与独用管路的作用动力相平衡的。只有当各并联独用管路的作用动力相等时，它们的阻力才相等。

由
$$\Delta p_l = \Delta p_{\mathrm{D}} + \Delta p_{\mathrm{G}}$$

可得
$$\Delta p_{\mathrm{D}} = \Delta p_l - \Delta p_{\mathrm{G}}$$

式中　Δp_l——各支路总的阻力损失，Pa；

Δp_{D}——独用管路的阻力损失，Pa；

Δp_{G}——共用管路的阻力损失，Pa。

三、习题详解

【习题12-8】　计算图12-5中各散热器所在环路的作用动力。已知 $t_{\mathrm{g}} = 95℃$，$t_{\mathrm{g1}} =$

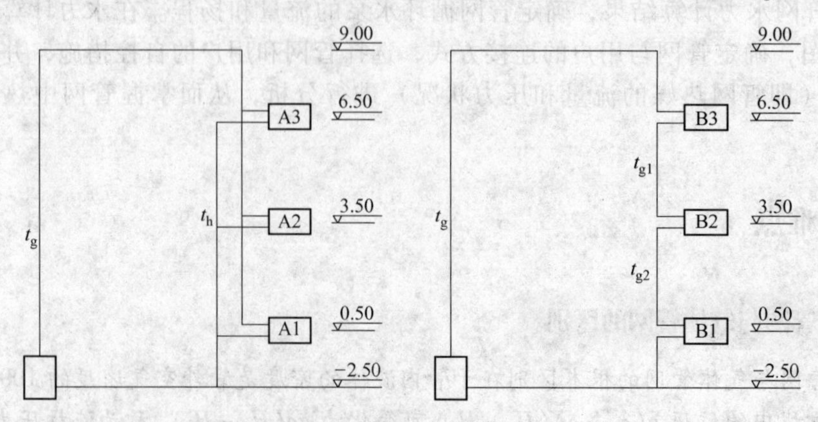

图12-5　习题12-8图

85℃，$t_{g2}=80$℃，$t_h=70$℃。

解：（1）双管系统。

第一层：$p_1 = gH_1(\rho_h - \rho_g) = 9.8\times3\times(977.81-961.92) = 467.2\text{Pa}$

第二层：$p_2 = gH_2(\rho_h - \rho_g) = 9.8\times6\times(977.81-961.92) = 934.3\text{Pa}$

第三层：$p_3 = gH_3(\rho_h - \rho_g) = 9.8\times9\times(977.81-961.92) = 1401.5\text{Pa}$

（2）单管系统。

$$\begin{aligned}p_h &= gh_3(\rho_{g1}-\rho_g) + gh_2(\rho_{g2}-\rho_g) + gh_1(\rho_h-\rho_g)\\ &= 9.8\times3\times(968.65-961.92) + 9.8\times3\times(971.83-961.92) + \\ &\quad 9.8\times3\times(977.81-961.92)\\ &= 956.4\text{Pa}\end{aligned}$$

【习题 12-9】 通过水力计算确定图 12-6 所示重力循环热水采暖管网的管径。图中立管Ⅲ、Ⅳ、Ⅴ各散热器的热负荷与立管相同。只计算Ⅰ、Ⅱ立管，其余立管只讲计算方法，不作具体计算。散热器进出水支管管长 1.5m，进出水支管均有截止阀和乙字弯，每根立管和热源进出口设有闸阀。

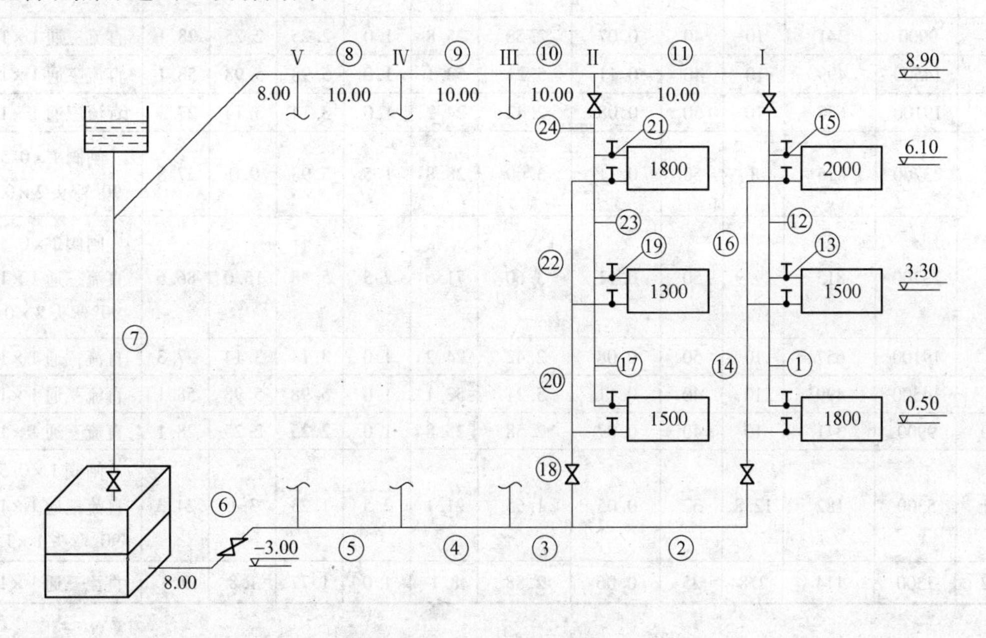

图 12-6 习题 12-9 图

解：

$$\begin{aligned}p'_{Ⅰ1} &= gH(\rho_H-\rho_g) + \Delta p_f\\ &= 9.81\times(0.5+3)\times(977.81-961.92) + 350\\ &= 896\text{Pa}\end{aligned}$$

$$\begin{aligned}\Sigma l_{Ⅰ1} &= 8+10+10+10+10+(8.9-0.5)+1.5+1.5+\\ &\quad (0.5+3)+10+10+10+10+8+(8.9+3)\\ &= 122.8\text{m}\end{aligned}$$

$$R_{pj}=\frac{\alpha p_{I1}}{\sum l_{I1}}=\frac{0.5\times 896}{122.8}=3.65\mathrm{Pa/m}$$

$$Q_m=\frac{0.86Q}{t_g-t_h}$$

水力计算见表12-3～表12-5。

表12-3　水力计算表1

管段号	Q /W	Q_m /kg·h^{-1}	L /m	D /mm	v /m·s^{-1}	R /Pa·m^{-1}	p_f /Pa	$\Sigma\zeta$	p_d /Pa	p_m /Pa	p_l /Pa	局部阻力统计
1	1800	62	5.8	20	0.05	3.11	18.0	28.0	1.23	34.4	52.4	散热器1×2.0 截止阀2×10 90°弯头1×1.5 合流三通1.5×1 乙字弯2×1.5
2	5300	182	13.5	32	0.05	1.65	22.3	2.5	1.23	3.1	25.4	闸阀1×0.5 直流三通1×1.0 90°弯头1×1.0
3	9900	341	10	40	0.07	2.58	25.8	1.0	2.25	2.25	28.1	直流三通1×1.0
4	14500	499	10	40	0.11	5.21	52.1	1.0	5.98	5.98	58.1	直流三通1×1.0
5	19100	657	10	50	0.08	2.42	24.2	1.0	3.14	3.14	27.3	直流三通1×1.0
6	23700	815	8	50	0.11	3.60	28.8	1.5	5.98	9.0	37.8	闸阀1×0.5 90°弯头2×0.5
7	23700	815	19.9	50	0.11	3.60	71.6	2.5	5.98	15.0	86.6	闸阀1×0.5 直流三通1×1.0 90°弯头2×0.5
8	19100	657	10	50	0.08	2.42	24.2	1.0	3.14	3.14	27.3	直流三通1×1.0
9	14500	499	10	40	0.11	5.21	52.1	1.0	5.98	5.98	58.1	直流三通1×1.0
10	9900	341	10	40	0.07	2.58	25.8	1.0	2.25	2.25	28.1	直流三通1×1.0
11	5300	182	12.8	32	0.05	1.65	21.1	2.5	1.23	3.1	24.3	闸阀1×0.5 直流三通1×1.0 90°弯头1×1.0
12	3300	114	2.8	25	0.06	2.88	8.1	1.0	1.77	1.8	9.9	直流三通1×1.0

表12-4　水力计算表2

管段号	Q /W	Q_m /kg·h^{-1}	L /m	D /mm	v /m·s^{-1}	R /Pa·m^{-1}	p_f /Pa	$\Sigma\zeta$	p_d /Pa	p_m /Pa	p_l /Pa	局部阻力统计
13	1500	52	3	15	0.08	9.92	30	37	3.14	116	146	散热器1×2.0 截止阀2×16 90°弯头1×1.5 旁流三通2×1.5
14	3500	182	2.8	15	0.17	65.93	128.6	1.0	14.22	14.2	143	直流三通1×1.0

表 12-5 水力计算表 3

管段号	Q /W	Q_m /kg·h^{-1}	L /m	D /mm	v /m·s^{-1}	R /Pa·m^{-1}	p_f /Pa	$\Sigma\zeta$	p_d /Pa	p_m /Pa	p_l /Pa	局部阻力统计
15	2000	68.8	3	15	0.1	15.26	45.8	35	4.9	172	217	散热器 1×2.0 截止阀 2×16 90°弯头 1×1.0
16	2000	68.8	2.8	15	0.1	15.26	42.7	1.0	4.9	4.9	48.0	直流三通 1×1.0

$$\sum_{1}^{12}(p_f + p_m) = 463.6\text{Pa}$$

系统作用动力富余率： $\Delta\% = \dfrac{896 - 463.6}{896} = 48.3\%$

满足富余压力要求，过剩动力可通过阀门调节。

立管Ⅰ，第二层 $p_{Ⅰ2} = 9.81 \times 6.3 \times (977.81 - 961.92) + 350 = 1332\text{Pa}$

通过第二层散热器的资用动力：

$$p'_{13、14} = 1332 - 896 + 52.4 = 489\text{Pa}$$

$$R_{pj} = 0.5 \times 489/5.8 = 42.2\text{Pa/m}$$

压损不平衡率：$x = \dfrac{489 - (146 + 143)}{489} \times 100\% = 40.9\% > 15\%$

因管段 13、14 均选用最小管径，剩余动力只能通过第二层散热器支管上的阀门消除。

立管Ⅰ，第三层 $p_{Ⅰ3} = 9.81 \times 9.1 \times (977.81 - 961.92) + 350 = 1768\text{Pa}$

资用动力： $p'_{15、16、14} = 1768 - 896 + 52.4 = 935\text{Pa}$

压损不平衡率：$x = \dfrac{935 - (217 + 48 + 143)}{935} \times 100\% = 56\% > 15\%$

因管段 15、16、14 已选用最小管径，剩余动力通过散热器支管的阀门消除。

计算立管 Ⅱ，$p_{Ⅱ1} = 9.81 \times 3.5 \times (977.81 - 961.92) + 350 = 896\text{Pa}$

管段 17、18、23、24 与管段 11、12、1、2 并联，其计算见表 12-6。

表 12-6 水力计算表 4

管段号	Q /W	Q_m /kg·h^{-1}	L /m	D /mm	v /m·s^{-1}	R /Pa·m^{-1}	p_f /Pa	$\Sigma\zeta$	p_d /Pa	p_m /Pa	p_l /Pa	局部阻力统计
17	1500	52	5.8	15	0.08	9.9	57.4	37.0	3.08	114.0	171.4	同管段 13
18	4600	158	3.5	32	0.05	1.31	4.6	2.0	1.23	2.5	7.1	闸阀 1×0.5 合流三通 1×1.5
23	2800	96	2.8	20	0.08	6.65	18.6	1.0	3.14	3.14	22.0	直流三通 1×1.0
24	4600	158	2.8	32	0.05	1.31	3.7	3.0	1.23	3.7	7.4	闸阀 1×0.5 直流三通 1×1.0 旁流三通 1×1.5

立管Ⅱ第一层散热器资用压力：$p'_{Ⅱ1} = 24.3 + 9.9 + 52.4 + 25.4 = 112.0\text{Pa}$

压损不平衡率：　$x=\dfrac{|112.0-(171.4+7.1+22.0+7.4)|}{112.0}\times100\%$

$=86\%>15\%$

压损不平衡率 x 较大，可适当调整管径，如表 12-7 所示。

表 12-7　水力计算表 5

管段号	Q /W	Q_m /kg·h⁻¹	L /m	D /mm	v /m·s⁻¹	R /Pa·m⁻¹	p_f /Pa	$\Sigma\zeta$	p_d /Pa	p_m /Pa	p_l /Pa	局部阻力统计
17′	1500	52	5.8	20	0.04	1.38	8.0	25.0	0.8	20.0	28.0	散热器 1×2.0 截止阀 2×10 90°弯头 1×1.5 合流三通 1×1.5
18′	4600	158	3.5	25	0.09	11.0	38.5	2.0	4.0	8.0	46.5	闸阀 1×0.5 合流三通 1×1.5
23′	2800	96	2.8	25	0.05	5.0	14.0	1.0	1.2	1.2	15.2	直流三通 1×1.0
24′	4600	158	2.8	25	0.09	11.0	30.8	3.0	4.0	12.0	42.8	闸阀 1×0.5 直流三通 1×1.0 旁流三通 1×1.5

调整后的压损不平衡率：

$$x'=\frac{|112.0-(28.0+46.5+15.2+42.8)|}{112.0}\times100\%$$

$=18.3\%>15\%$

多余动力可以通过阀门调节。

确定立管Ⅱ第二层散热器管径，计算结果见表 12-8。

表 12-8　水力计算表 6

管段号	Q /W	Q_m /kg·h⁻¹	L /m	D /mm	v /m·s⁻¹	R /Pa·m⁻¹	p_f /Pa	$\Sigma\zeta$	p_d /Pa	p_m /Pa	p_l /Pa	局部阻力统计
19	1300	44.7	3	15	0.06	7.8	23.4	37	1.73	64.1	87.5	同管段 13
20	3100	106.6	2.8	15	0.16	37.0	103.6	1	12.5	12.5	116.1	直流三通 1×1.0

资用动力：$p'_{\text{Ⅱ}2}=1332-(896-28.0-46.5)=511\text{Pa}$

压损不平衡率：　$x=\dfrac{511-(87.5+116.1)}{511}\times100\%=60\%>15\%$

管段 19、20 已选用最小管径，剩余动力由阀门消除。

确定立管Ⅱ第三层散热器管径，计算结果见表 12-9。

资用动力：$p'_{\text{Ⅱ}3}=1768-(896-28.0-15.2)=915\text{Pa}$

表 12-9　水力计算表 7

管段号	Q /W	Q_m /kg·h^{-1}	L /m	D /mm	v /m·s^{-1}	R /Pa·m^{-1}	p_f /Pa	$\Sigma\zeta$	p_d /Pa	p_m /Pa	p_l /Pa	局部阻力统计
21	1800	62	3	15	0.09	13.6	41.0	35.5	3.9	139	180	散热器 1×2.0 截止阀 2×16 旁流三通 1×1.5
22	1800	62	2.8	15	0.09	13.6	38.0	2.5	3.9	9.8	48	直流三通 1×1.0 90°弯头 1×1.5

压损不平衡率：　$x = \dfrac{915 - 180 - 48}{915} \times 100\% = 75\% > 15\%$

剩余动力由阀门消除。

第Ⅲ、Ⅳ、Ⅴ立管的水力计算与立管Ⅱ相似，方法为：

（1）确定通过底层散热器的资用动力。

（2）确定通过底层散热器环路的管径和各管段阻力。

（3）进行底层散热器环路的阻力平衡校核。

（4）确定第二层散热器环路的管径和各管段阻力。

（5）对第二层散热器环路进行阻力平衡校核。

（6）对第三层散热器作（4）、（5）步计算与阻力平衡校核。

四、练习题

12-1　试论述供暖空调冷热水管网系统的形式及其各自的优缺点。

12-2　试写出单双管混合系统通过最不利环路的自然循环作用动力。其热负荷及标高见图 12-7。

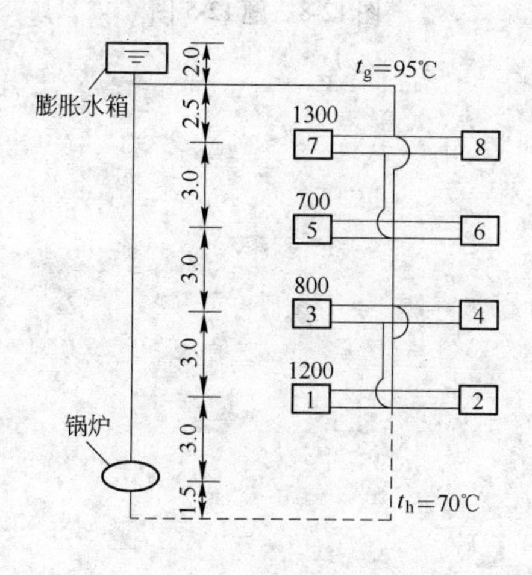

图 12-7　题 12-2 图

12-3　当直径 $d = 400$mm 和长度 $l = 200$m 的供水管进行试验时，水流量 $Q_V = 100\text{m}^3/\text{h}$，密度为 1000 kg/m^3，管道始端的压力表压力 $p_1 = 0.9$MPa，管道末端的压力表压力 $p_2 =$

0.35MPa，静止状态下（$Q_V=0$），上述压力表的读数相应为 $p_1=0.9$MPa 和 $p_2=$ 0.35MPa。若 $K=0.2$mm，试求实际压力降比计算压力降大几倍，设总的局部阻力系数 $\Sigma\zeta=20$。（答案：173）

12-4　有一直径 $d=300$mm 和长度 $l=2000$m 的管道，如长期使用后其绝对粗糙度由 $K_1=$ 0.5mm 增大至 $K_2=2$mm。试求：

（1）在相同的水流量下该管道的压力损失增加几倍？

（2）在相同的压力降下该管道的水流量减少多少？假设总的局部阻力系数 $\Sigma\zeta=10$。（答案：(1)1.34；(2)减少了13.6%）

12-5　已知空调水系统如图12-8所示，每台风机盘管机组的供冷量均为50kW，阻力为45kPa，各管段长度如图中所示，求各管段管径和系统总阻力。（答案：87131.6Pa）

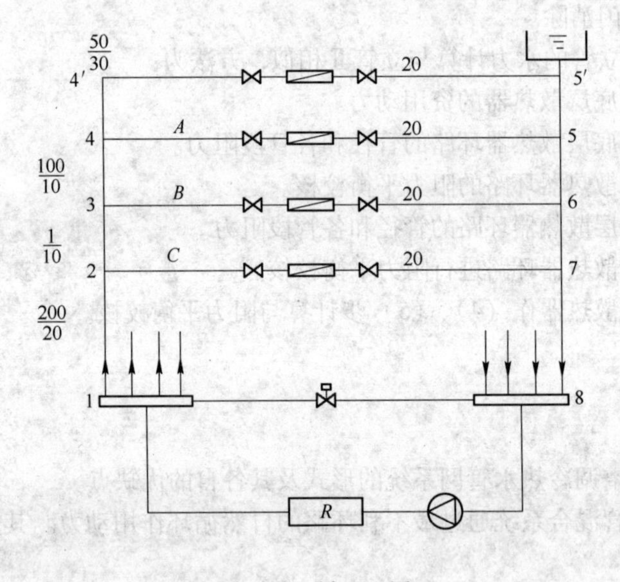

图12-8　题12-5图

第十三章　泵、风机与管网系统的匹配

一、基本知识点

（一）阻力特征

$$p_l = SQ^2$$

式中　p_l——阻力损失，Pa；

S——管网的总阻抗（单位视流量单位的不同而不同）；

Q——流量（可以为体积流量，也可以为质量流量）。

（二）管网特性曲线

当两断面的动压差值与其他相比较小时，有：

$$\begin{aligned} p_e &= (p_2 + \rho g Z_2) - (p_1 + \rho g Z_1) + p_l \\ &= p_{st} + p_l \\ &= p_{st} + SQ^2 \end{aligned}$$

式中　p_e——流体从管路进口1—1断面流至出口2—2断面所需的能量，Pa；

p_{st}——管路出入口两端的压强差，Pa；

按照这一关系绘制的管网曲线称为广义特性曲线，如图13-1所示。

对闭式管网系统或通风空调管网中 p_{st} 近似为零时，管网特性曲线方程为：

$$p_e = p_l = SQ^2$$

与此方程对应的曲线称为狭义特性曲线，如图13-2所示。

当压力及扬程用水柱高度表示时，管网特性曲线写成：

$$H = H_{st} + SQ^2$$

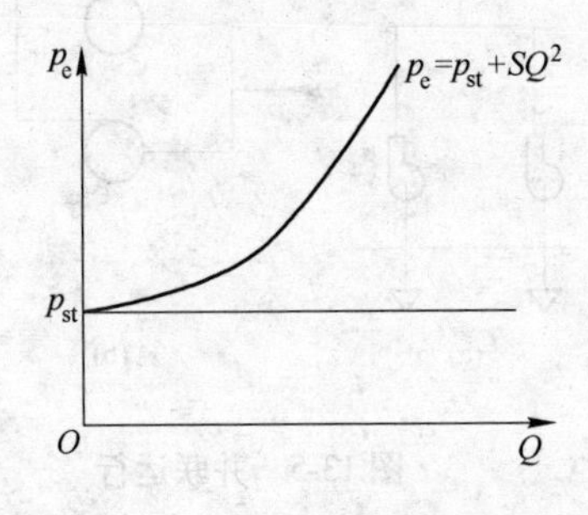

图13-1　广义管网特性曲线

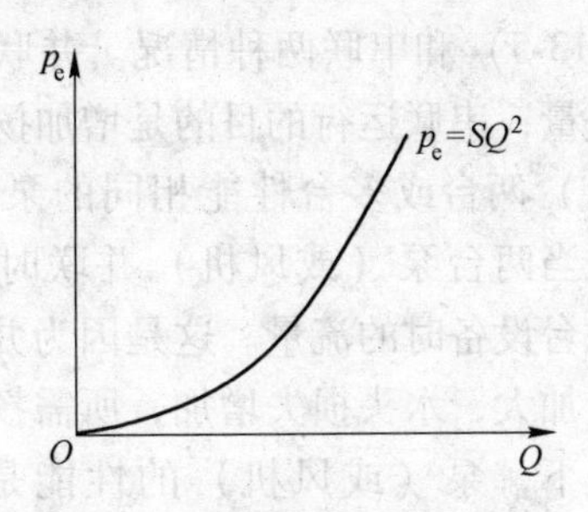

图13-2　狭义管网特性曲线

（三）泵、风机在管网系统中的工作状态

（1）泵、风机在管网系统中的工作点。如图13-3所示，在同一直角坐标系内，若按相同比例分别绘制泵（或风机）在管网系统的实际性能曲线与其接入管网系统的管网特性曲线，则两曲线交点即为该泵（或风机）在该管网系统中的工作点，或称运行工况点（A点）。

（2）泵、风机的稳定工作区和非稳定工作区。大多数泵或风机的Q—p曲线呈单调下降趋势，这种情况下运行工况是稳定的。如图13-4中BAC部分，当泵（或风机）流量Q_B小于管路流量Q_A时，其扬程（或全压）H_B大于管路阻力H_A。此时多余的能量将使流体加速，流量加大，工作点将自动由B移向A。反之，如果泵（或风机）在C点工作，流量Q_C大于管路流量Q_A，其扬程（或全压）小于管路阻力，则流体减速，流量减小，工况点自动由C移向A。可见，A点是稳定工作点，BAC为稳定工作区。

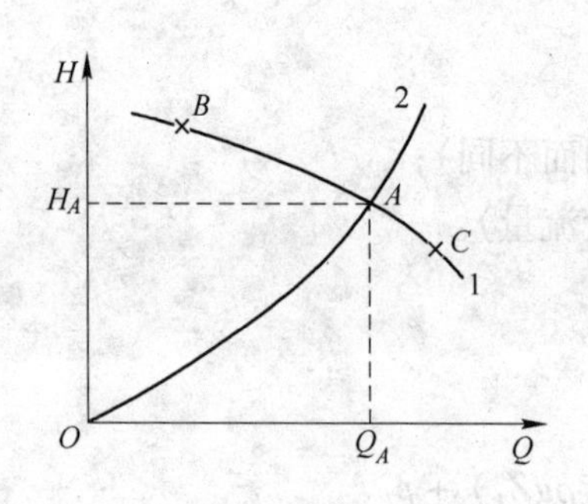

图13-3　管网系统中泵（风机）的工作点

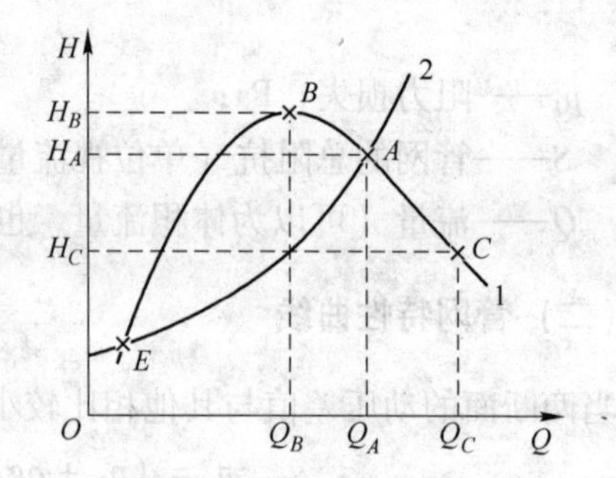

图13-4　管网系统中泵（或风机）的不稳定工况

当泵（或风机）稍受干扰时（如电压波动），流量由E点向流量增大的方向偏离时，泵（或风机）的扬程（或全压）大于管路阻力，管路中流速加大，流量增加，工作点继续向流量增大的方向移动，直至点B为止。当干扰导致E点向流量减小方向偏离时，工作点就继续向流量减小的方向移动，直至流量等于零为止。因此，泵（或风机）一旦受到干扰，工作点就向右或向左移动，再也不能回到原来位置E点，故E点称为不稳定工作点，EB区域称为不稳定工作区。

（四）管网系统中泵（或风机）的联合运行

两台或两台以上的泵（或风机）在同一管路系统中工作，称为联合运行。联合运行又分为并联（见图13-5）和串联两种情况。并联运行的目的是增加流量，串联运行的目的是增加扬程（或全压）。

（1）两台或多台性能相同的泵（或风机）的并联。当两台泵（或风机）并联时，其流量大于只开一台设备时的流量。这是因为并联后，管路内总流量加大，水头损失增加，所需扬程加大。而多数情况下，泵（或风机）的性能是随扬程加大，流量减小，所以并联运行时单台设备的流量减

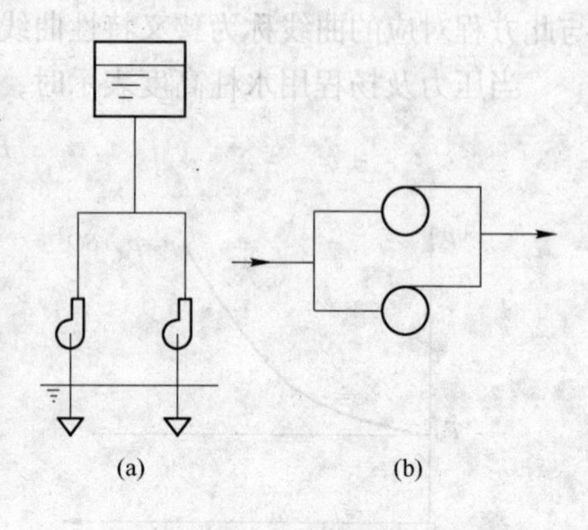

图13-5　并联运行
（a）两台泵并联；（b）两台风机并联

小了。

并联后管路的总流量比并联前增加了。增加的流量小于系统中一台设备运行时的流量。也就是说流量并不是成倍增加的。管网特性曲线越平坦（即阻抗 S 越小），并联增加的流量越大。因此，当特性曲线较陡时，不宜采用并联工作。

多台泵并联时，随着并联台数的增多，每增加一台并联设备，所增加的流量越小，因而效果越差。

（2）不同性能泵（或风机）的并联。两台不同性能的设备并联工作时，总流量小于并联前各设备单独工作的流量之和。其流量减少的程度与管网性能曲线形状有关，管网性能曲线越陡，总流量越小。两台性能不同的设备并联时，扬程（或全压）小的设备（即性能曲线位于左下方的设备）输出流量很少。

（3）两台或多台性能相同泵（或风机）的串联。串联工作时，第一台设备的出口与第二台设备的入口连接，如图 13-6 所示。

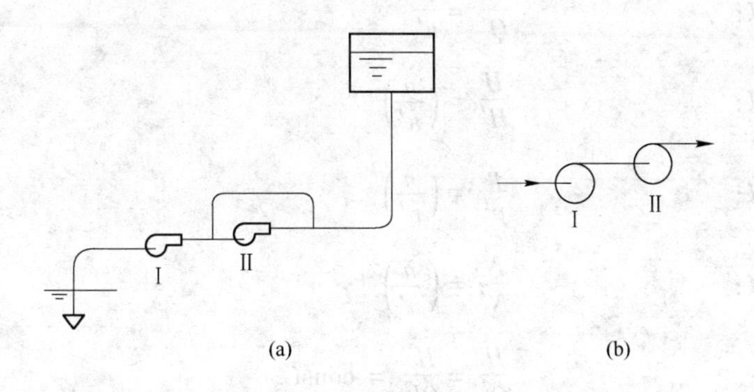

图 13-6　泵与风机的串联工作

（a）两台泵串联；（b）两台风机串联

两台设备串联工作时扬程（或全压）增加了，但是并没有增加到两倍。同时串联后的流量也增加了，这是因为总扬程加大，使管路中流体速度加大，流量随之增加。泵（或风机）的性能曲线愈平坦，串联后增加的扬程（或全压）和流量愈大，愈适于串联工作。

（五）泵、风机的工况调节

泵、风机运行时工作点的参数是由泵、风机的性能曲线与管网特性曲线共同决定的。为了满足用户的要求，必须进行调节。工况调节有两种途径，一种是改变管网特性曲线，另一种是改变泵、风机性能曲线。

1. 管网系统特性的调节

改变管网特性曲线最常用的方法是改变管网中的阀门开启程度，从而改变管网的阻力特性（S），使管网特性曲线变陡或变缓，以达到调节流量的目的。

（1）液体管网系统特性调节。关小管网中的阀门，阻抗增大，管网特性曲线变陡；开大管网中的阀门，阻抗减小，管网特性曲线变缓。由于增加了阀门阻力，额外增加了压力损失，因此是不经济的。这种方法常用于频繁、临时性的调节。对于液体管路，泵的调节阀通常只能装在压出管上。

（2）气体管网系统特性调节。对于气体管路，可以在风机出口设置调节阀，但此种方式经济性较差。在风机吸入管道上调节的经济性较好，而且简单易行。该方法是通过吸入口的节流改变风机的进口压力，使风机性能曲线发生变化，以适应流量或压力的特定要求。

2. 泵、风机性能的调节

泵与风机的性能调节方式可分为非变速调节和变速调节两大类。

非变速调节方式有入口节流调节、离心式和轴流式风机的前导叶调节、切削叶轮调节等。

变速调节的典型方式是变频调速。

（1）变速调节。泵、风机的变速调节是通过改变其转数，以达到改变泵、风机性能的目的。在同一管网中，转数改变时泵与风机的相似工作点性能参数变化如下。

流量与转数：
$$\frac{Q}{Q'} = \frac{n}{n'}$$

扬程与转数：
$$\frac{H}{H'} = \left(\frac{n}{n'}\right)^2$$

全压与转数：
$$\frac{p}{p'} = \left(\frac{n}{n'}\right)^2$$

功率与转数：
$$\frac{N}{N'} = \left(\frac{n}{n'}\right)^3$$

$$\frac{H}{Q^2} = \frac{H'}{Q'^2} = \text{const}$$

$$\left(\frac{Q}{Q'}\right)^2 = \left(\frac{n}{n'}\right)^2 = \frac{p}{p'}$$

$$H = \left(\frac{H}{Q^2}\right)Q^2 = \left(\frac{H'}{Q'^2}\right)Q^2$$

令
$$k = \frac{H'}{Q'^2} = \text{const}$$

则
$$H = kQ^2$$

降低转速来调小流量，节能效果非常显著；增加转速来增大流量，能耗增加剧烈。理论上可以用增加转数的方法来提高流量，但转数增加后，叶轮圆周速度增大，因而可能增大振动和噪声，且可能发生机械强度和电动机超载的问题，所以一般不采用增速方法来调节工况。

（2）进口导流器调节。离心式通风机常采用进口导流器进行调节。常用的导流器有轴向导流器与径向导流器，如图 13-7 所示。

采用导流器调节方法，增加了进口的撞击损失，从节能角度看，不如变速调节，但比阀门调节消耗功率小，也是一种比较经济的调节方法。此外，导流器结构比较简单，可用装在外壳上的手柄在不停机的情况下进行调节，操作方便灵活。

（3）切削叶轮调节。泵（或风机）的叶轮经过切削，外径改变，泵（或风机）的性

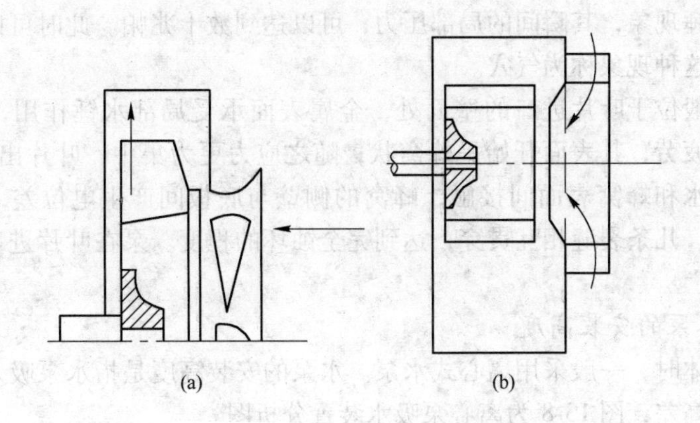

图 13-7　进口导流器简图

（a）轴向导流器；（b）径向导流器

能曲线改变，则工作点移动，系统的流量和扬程（或全压）改变，达到节能的目的。

叶轮经过切削与原来叶轮不符合几何相似条件，切削前后性能参数不符合相似律。由于切削量不大，可近似认为切削前后的出口安装角 β_2 不变。叶轮直径 D_2 变为 D_2'，圆周速度 u_2 变为 u_2'。

叶轮切削前后的速度比为：

$$\frac{u_2}{u_2'}=\frac{v_{u2}}{v_{u2}'}=\frac{v_{r2}}{v_{r2}'}=\frac{D_2}{D_2'}$$

对于低比转数的泵（或风机），叶轮切削后出口宽度变化不大，可以认为 $b_2 \approx b_2'$，则性能参数关系为：

$$\frac{Q}{Q'}=\left(\frac{D_2}{D_2'}\right)^2,\quad \frac{H}{H'}=\left(\frac{D_2}{D_2'}\right)^2,\quad \frac{N}{N'}=\left(\frac{D_2}{D_2'}\right)^4 \tag{13-1}$$

式（13-1）称为第一切削定律。

对于中、高比转数的泵（或风机），叶轮切削前后可以认为出口面积不变，$\pi D_2 b_2 = \pi D_2' b_2'$，性能参数关系为：

$$\frac{Q}{Q'}=\frac{D_2}{D_2'},\quad \frac{H}{H'}=\left(\frac{D_2}{D_2'}\right)^2,\quad \frac{N}{N'}=\left(\frac{D_2}{D_2'}\right)^3 \tag{13-2}$$

式（13-2）称为第二切削定律。

（六）泵与风机的安装位置

1. 泵的气穴与气蚀现象

对于一定温度的液体，如果压力低于该液体在该温度下的饱和蒸汽压，即会汽化。液体压力越低，温度越高，越容易发生汽化。水泵工作时，叶片背面靠近吸入口处的压力达到最低值。如果该处压力降低至输送温度下水的饱和蒸汽压（以 p_V 表示）时，水就会大量汽化，溶解在水中的气体也自动逸出，出现“冷沸”现象，形成大量气泡。气泡随液体进入叶轮的高压区时，被四周水压压破，液体因惯性以高速冲向气泡中心，在气泡核心产生强烈的局部水锤现象，其瞬间的局部压力，可以达到数十兆帕。此时可以听到气泡冲破时的炸裂噪声，这种现象称为气穴。

气穴区域一般位于叶片进口的壁面处，金属表面承受局部水锤作用，经过一段时间后，金属会产生疲劳，其表面开始呈蜂窝状；随之应力更为集中，叶片出现裂缝和剥落。当流体为水时，水和蜂窝表面间接触，蜂窝的侧壁与底板间产生电位差，引起电化学腐蚀，使裂缝加宽。几条裂缝相互贯穿，达到完全蚀坏的程度。泵在叶片进口端产生的这种效应称为“气蚀”。

2. 吸升式水泵的安装高度

需要吸升液体时，一般采用离心式水泵。水泵的安装高度是指水泵吸入口轴线与吸液池的最低液面的高差，图 13-8 为离心泵吸水装置分析图。

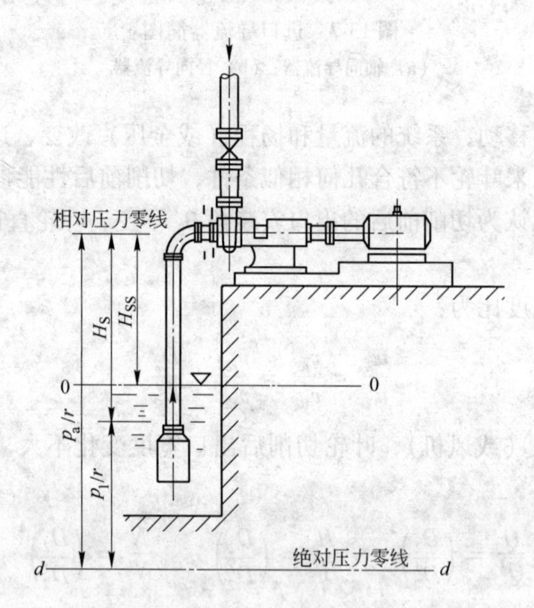

图 13-8　离心泵吸水装置

泵入口断面处的真空度（吸上真空高度）H_S 与液面至泵入口处的距离 H_{SS}之间的关系为：

$$H_S = H_{SS} + \frac{v_1^2}{2g} + \Sigma h_S$$

式中　H_S——泵入口断面处的真空度（吸上真空高度），m；

H_{SS}——液面至泵入口处的距离，m；

v_1——泵吸入口处的平均流速，m/s；

Σh_S——吸液管路的水头损失，m。

泵的允许安装高度（最大安装高度）为：

$$[H_{SS}] = [H_S] - \frac{v_1^2}{2g} - \Sigma h_S$$

式中　$[H_{SS}]$——泵的允许安装高度（最大安装高度），m；

$[H_S]$ ——允许吸上真空高度，m。

实际泵安装高度应遵循 $H_{SS} < [H_{SS}]$。

$[H_S]$ 的确定应注意以下两点：

（1）当泵的流量增加时，$[H_S]$ 随流量增加而有所增加。

（2）泵的产品样本给出的 Q-$[H_S]$ 曲线是在大气压强为 10.33mH_2O、水温为 20℃的清水条件下试验得出的。当泵的使用条件与上述条件不相符时，应对 $[H_S]$ 值进行修正：

$$[H'_S] = [H_S] - (10.33 - H_a) + (0.24 - h_V)$$

式中 $[H'_S]$ ——修正后采用的允许吸上真空高度，m；

H_a——安装地点的大气压强水头，见表 13-1，m；

h_V——实际使用水温下的汽化压强水头，见表 13-2，m；

表 13-1 不同海拔高程的大气压强（绝对压力）

海拔高程/m	-600	0	100	200	300	400	500	600
大气压力/MPa	0.113	0.103	0.102	0.101	0.100	0.098	0.097	0.096

海拔高程/m	700	800	900	1000	1500	2000	3000	4000	5000
大气压力/MPa	0.095	0.094	0.093	0.092	0.086	0.084	0.073	0.063	0.055

表 13-2 水的饱和蒸汽压力

水温/℃	0	5	10	20	30	40	50	60	70	80	90	100
饱和蒸汽压力/kPa	0.6	0.9	1.2	2.4	4.3	7.5	12.5	20.2	31.7	48.2	71.4	103.3

3. 灌注式水泵的安装高度

泵吸入口的总水头距发生汽化的水头值之差称之为实际气蚀余量 Δh。$\frac{\Delta p}{\gamma}$ 称为临界气蚀余量 Δh_{min}。在工程实践中，为确保安全运行，对于一般清水泵来说，为不发生气蚀，又增加了 0.3m 的安全余量，即规定的允许气蚀余量，以 $[\Delta h]$ 表示：

$$[\Delta h] = \Delta h_{min} + 0.3 = \frac{\Delta p}{\gamma} + 0.3$$

式中 $[\Delta h]$ ——允许气蚀余量，m。

图 13-9 为锅炉给水吸水管路示意图。其对应给水温度下的汽化压强为 p_V，给水泵允许气蚀余量为 $[\Delta h]$。为避免汽蚀显然应该有：

$$\Delta h = \frac{p_1}{\gamma} + \frac{v_1^2}{2g} - \frac{p_V}{\gamma} \geqslant [\Delta h]$$

式中 Δh——实际气蚀余量，m。

$$H_g \geqslant \frac{p_V - p_0}{\gamma} + [\Delta h] + \Sigma h_S$$

式中 H_g——液面至泵吸入口高差，m；

p_0——水池液面压强，Pa；

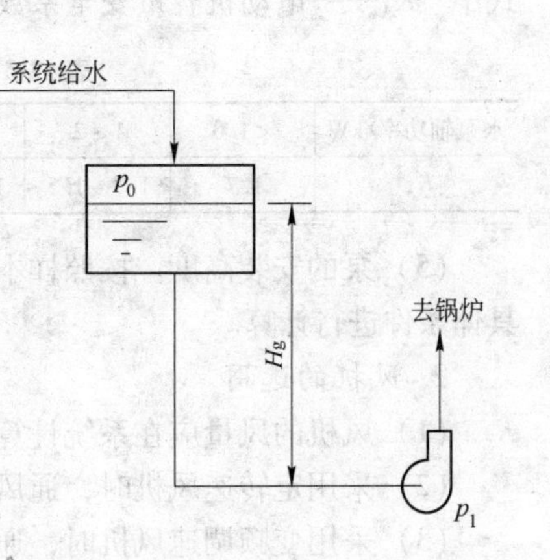

图 13-9 锅炉给水吸水管路示意图

Σh_S——水池液面与水泵进口断面之间的水头损失，m。

（七）泵、风机的选用

1. 泵的选用

（1）流量 Q 和扬程 H。确定需要输送的最大流量 Q_{max}，由水力计算确定最大扬程 H_{max}，并考虑一定的富余量。

$$Q = (1.05 \sim 1.10)Q_{max}$$

$$H = (1.10 \sim 1.15)H_{max}$$

（2）泵的类型选择。分析泵的工作条件，如液体的温度、腐蚀性、是否清洁等，并根据其流量、扬程范围确定泵的类型（清水泵、耐酸泵、热水泵、油泵、污水泵、潜水泵等）。

（3）确定工作点。利用泵的综合性能图，进行初选，确定泵的型号、尺寸及转数。将泵的 Q-H 性能曲线与管网特性曲线绘在同一坐标系内，求出工作点，进而定出效率和功率。如图 13-10 中点 A 为管网运行工作点，泵的流量为 Q_A，扬程为 H_A。

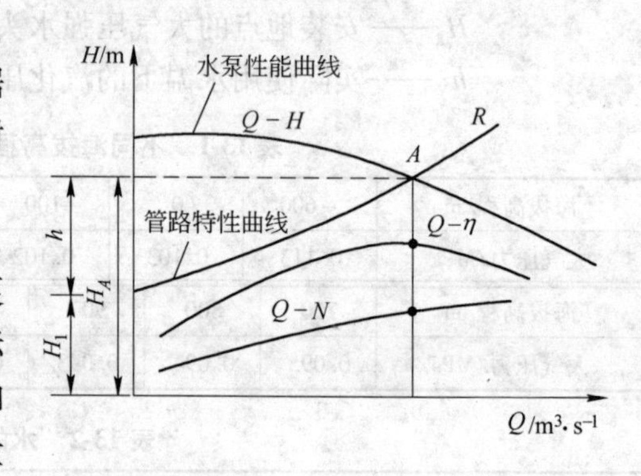

图 13-10 工况点的确定

（4）配用电动机。

泵的轴功率 N_s 为：

$$N_s = \frac{\rho QH}{102\eta}$$

式中 η——水泵的效率，一般为 0.5 ~ 0.6；

Q——流量，m^3/s。

水泵配用的电动机容量 N 为：

$$N = K_A \cdot N_s$$

式中 K_A——电动机容量安全系数，其值见表 13-3。

表 13-3 水泵配用电动机容量安全系数

水泵轴功率/kW	<1.0	1 ~ 2	2 ~ 5	5 ~ 10	10 ~ 25	25 ~ 60	60 ~ 100	>100
K_A	1.7	1.7 ~ 1.5	1.5 ~ 1.3	1.3 ~ 1.25	1.25 ~ 1.15	1.15 ~ 1.10	1.10 ~ 1.08	1.08 ~ 1.05

（5）泵的安装高度。按照样本给出的允许吸上真空高度或允许气蚀余量，根据工程的具体条件进行计算。

2. 风机的选用

（1）风机的风量应在系统计算的总风量上附加风管和设备的漏风量。

（2）采用定转速风机时，通风机的全压应在系统计算的压力损失上附加 10% ~15%。

（3）采用变频调速风机时，通风机的全压以系统计算的总压力损失作为额定风压，但风机电动机的功率应在计算值上再附加 15% ~20%。

（4）风机的选用设计工况效率，不应低于风机最高效率的90%。

（5）风机的工作点。不考虑通风系统的吸风口和出风口处存在有静压差这一特殊情况，管网的特性曲线取决于管网的总阻抗，即

$$p = SQ^2$$

（6）风机的功率。风机所需的轴功率 N_s 为：

$$N_s = \frac{Q \cdot p}{3600\eta_i \cdot \eta_m}$$

式中 Q——风机所输送的风量，m^3/h；

p——风机所产生的风压（全压），Pa；

η_i——风机的内效率，%；

η_m——风机的机械传动效率，见表13-4，%。

表 13-4 风机的机械传动效率 η_m

传动方式	电动机直联	联轴器连接	三角皮带传动
η_m/%	100	98	95

配用电动机的功率 N，可按式（13-3）计算。

$$N = K \cdot N_s \tag{13-3}$$

式中 K——电动机容量安全系数。

（7）风机的比转数。风机的比转数 n_S 表示风机在标准状态下流量 Q、全压 p 和转数 n 之间的关系，同一类型的风机，其比转数必然相等。

$$n_S = \frac{nQ^{0.5}}{\left(\frac{p}{9.8}\right)^{0.75}}$$

（8）非标准状态下性能换算。选择风机时应注意，样本上给出的性能曲线和数据均指风机在标准状态下（大气压强为101.3kPa、温度20℃、相对湿度50%、密度 ρ = 1.20kg/m³、进出口连接管路标准的条件下）的参数。如果使用时介质密度、转数等条件改变，其性能应进行换算。当大气压强 p_0 与空气温度 t 改变时，先按式（13-4）计算空气密度：

$$\rho = \rho_0 \frac{p_b}{p_{b0}} \cdot \frac{273 + 20}{273 + t} \tag{13-4}$$

式中 ρ_0，p_{b0}——标准状态（或性能表中）的空气密度和大气压强；

ρ，p_b，t——实际工作条件下的空气密度、大气压强和温度。

二、难点

广义管网特性曲线与狭义管网特性曲线的区别。

广义管网特性曲线与狭义管网特性曲线的区别在于阻力变化特性不同。广义管网特性曲线表明这类管网的阻力由两部分组成，一部分不随流量变化，另一部分与流量的2次方

成正比。由于这两部分阻力的变化规律不同，当泵或风机的工况沿管网特性曲线变化时，工况点之间不满足泵或风机的相似律。而狭义管网特性曲线则表明这类管网的全部阻力与流量的2次方成正比，当泵或风机的工况沿管网特性曲线变化时，遵守泵或风机的相似律。

变速调节过程中管网特性曲线的影响。

具有狭义管网特性曲线的管网，当其特性（阻抗S）不变时，泵（或风机）在不同转速运行时的工况点是相似工况点，流量比值与转速比值成正比，全压或扬程比值与转速比值的2次方成正比，功率比值与转速比值的3次方成正比。若变转速的同时，S值也发生变化，则不同转速的工况不是相似工况，上述关系不成立；对于具有广义特性曲线的管网，上述关系亦不成立。

三、习题详解

【习题13-8】 如图13-11所示，用泵将重度$\gamma = 9604\text{N/m}^3$的液体由低位槽送至高位槽。已知条件下：$x = 0.1\text{m}$，$y = 0.35\text{m}$，$z = 0.1\text{m}$，（真空表）$M_1$读数为124kPa，$M_2$读数为1024kPa，$Q = 0.025\text{m}^3/\text{s}$，$\eta = 0.80$。试求此泵所需的轴功率为多少？（注：该装置中真空表与压力表高差为$y + z - x$）

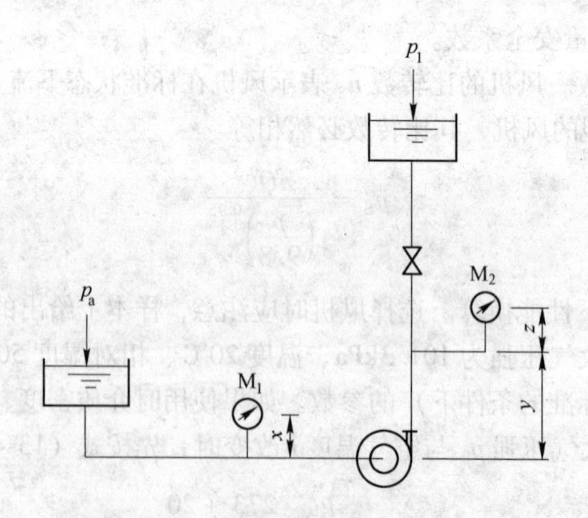

图13-11　习题13-8图

解：当动压相同时，泵的扬程应为其出口和进口之间的测压管水头之差。压力表的读数反映了压力表所在位置流体的静压，压力表与管道连接处测压管水头应为压力表读数与位置水头之和。则泵扬程为：

$$H = (H_{M2} + Z_{M2}) - (H_{M1} + Z_{M1})$$

式中　H_{M1}，H_{M2}——真空表、压力表读数折合成液柱高度的数值。

$$H_{M1} = \frac{124}{9604} \times 10^3 = 12.91\text{m}$$

$$H_{M2} = \frac{1024}{9604} \times 10^3 = 106.62\text{m}$$

$$H = (H_{M2} + y + z) - (H_{M1} + x)$$
$$= (106.62 + 0.35 + 0.1) - (-12.91 + 0.1)$$
$$= 119.88\text{m}$$

泵轴功率：

$$N = \frac{\rho HQ}{102\eta} = \frac{980 \times 119.88 \times 0.025}{102 \times 0.8} = 35.99\text{kW}$$

【习题 13-10】 一水泵的已知条件如下：$Q = 0.12\text{m}^3/\text{s}$，吸入管径 $D = 0.25\text{m}$，水温为 40℃，密度为 $\rho = 992\text{kg/m}^3$，$[H_S] = 5\text{m}$，吸水面标高 102m，水面为大气压。吸入管段阻力为 0.79m。试求：

（1）泵轴的标高最高为多少？

（2）如此泵装在昆明地区，海拔高度为 1800m，泵的安装位置标高应为多少？

（3）设此泵输送水温不变，地区海拔仍为 102m，但系一凝结水泵，制造厂提供的临界气蚀余量为 $\Delta h_{min} = 1.9\text{m}$，冷凝水箱内压强为 9000Pa。泵的安装位置有何限制？

解：（1）求泵轴的标高，实际上就是求泵的允许安装高度，即吸水面液面距泵轴的距离。求允许安装高度之前，先求出水泵在管网中的允许吸上真空高度。

$$[H'_S] = [H_S] - (10.33 - h_a) + (0.24 - h_V)$$

根据表 13-1，并用插值法可得 $p_a = 101.98\text{kPa}$（$h_a = 10.40\text{m}$），根据表 13-2 可知 $h_V = 7.5\text{kPa} = 0.765\text{m}$，因此：

$$[H'_S] = 5 - (10.33 - 10.40) + (0.24 - 0.765) = 4.55\text{m}$$

吸水管的平均流速为：

$$v_1 = \frac{Q}{\frac{\pi D^2}{4}} = \frac{0.12}{\frac{\pi \times 0.25^2}{4}} = 2.44\text{m/s}$$

泵的允许安装高度为：

$$[H_{SS}] = [H'_S] - \frac{v_1^2}{2g} - \Sigma h_S = 4.55 - \frac{2.44^2}{2 \times 9.807} - 0.79 = 3.45\text{m}$$

泵轴标高最高为 102 + 3.45 = 105.45m。

（2）若安装在昆明地区，则根据表 13-1，并用插值法可得 $p_a = 84.8\text{kPa}$（$h_a = 8.65\text{m}$）。

$$[H'_S] = 5 - (10.33 - 8.65) + (0.24 - 0.765) = 2.80\text{m}$$

泵的允许安装高度为：

$$[H_{SS}] = [H'_S] - \frac{v_1^2}{2g} - \Sigma h_S = 2.80 - \frac{2.44^2}{2 \times 9.807} - 0.79 = 1.71\text{m}$$

泵轴标高最高为 1800 + 1.71 = 1801.71m。

（3）取必须气蚀余量 $[\Delta h] = \Delta h_{min} + 0.3 = 1.9 + 0.3 = 2.2\text{m}$。则该泵的灌注高度应满足：

$$H_g \geqslant \frac{p_V - p_0}{\gamma} + [\Delta h] + \Sigma h_S$$

$$= 0.77 - \frac{0.09}{992} \times 10^4 + 2.2 + 0.79$$

$$= 2.85\text{m}$$

【习题 13-12】 某管网使用水泵一台，总流量为 $200m^3/h$ 时，管网总阻力是 $20mH_2O$；管网进出口高差 10m；1 台水泵的性能参数表见表 13-5。现需将管网总流量增加 50%，决定增加一台相同的水泵，问新增加的水泵是并联运行好，还是串联运行好？

表 13-5　1 台水泵时管网的性能参数表

H/m	32.5	20	11
$Q/\text{m}^3 \cdot \text{h}^{-1}$	150	200	220

解： 本题主要考查并联运行和串联运行工作点的确定。

管路的特性曲线：

$$H = H_{st} + SQ^2$$

$$20 = 10 + S \times 200^2$$

求得 $S = 0.00025\text{h}^2/\text{m}^5$，因此：

$$H = 10 + 0.00025Q^2$$

将管网特性曲线Ⅳ绘于图 13-12 中，将单台泵的性能参数点 1、2、3 绘于同一图中，并连接形成泵的性能曲线Ⅰ，交点 a 为单台泵运行时的工况点。根据泵的串、并联规律，分别找出串、并联时的参数点 1′、2′、3′，1″、2″、3″，并连接成串联时的性能曲线Ⅱ和并联时的性能曲线Ⅲ。这两条性能曲线分别交管网性能曲线于 b，c 两点，这两点分别为串联和并联时的工况点，其对应的流量分别为 $230m^3/h$ 和 $300m^3/h$。

因此，如果总流量增加 50%，应采用并联方式。

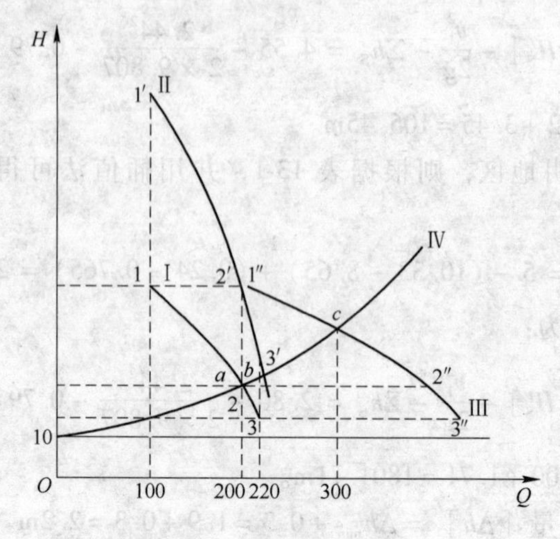

图 13-12　习题 13-12 示意图

【习题 13-16】 某闭式空调冷冻水管网并联有两台相同的循环水泵。单台水泵性能参数如下：转速 2900r/min，所配电动机功率 2.2kW。流量-扬程性能如表 13-6 所示。

表 13-6 流量-扬程性能表

参数序号	1	2	3
流量 $Q/m^3 \cdot h^{-1}$	7.5	12.5	15
扬程/m	22	20	18.5

管网中开启一台水泵时，流量为 $15m^3/h$，扬程为 18.5m。

（1）画出单台水泵运行时水泵的性能曲线和管网特性曲线，并标出工况点；

（2）若管网只需流量 $10m^3/h$，拟采用：1）关小调节阀门；2）调节水泵的转速的办法来实现。求出采用这两种调节方法后水泵的工况点。采用关小调节阀的方法时，管网的阻抗值应增加多少？采用调节转速的方法时，转速应为多少？比较采用这两种方法耗用电能的情况；

（3）若管网需要增加流量，让这两台水泵并联工作，管网系统流量能否达到 $30m^3/h$？此时每台水泵的流量和扬程各是多少？

解：（1）将单台水泵的性能曲线 Ⅰ 绘于图 13-13 中。管网阻抗 $S=\dfrac{18.5}{15^2}=0.08222mH_2O/(m^3/h)^2$，作管网特性曲线 Ⅱ，二者的交点 1 为水泵的工况点，输出流量为 $15m^3/h$，扬程为 18.5m。

（2）关小阀门时，要求的输出流量为 $10m^3/h$，水泵的性能曲线不变，仍为曲线 Ⅰ，由横坐标 $Q=10m^3/h$ 作垂线，与曲线 Ⅰ 的交点 2 为要求的工况点，此时，流量为 $10m^3/h$，扬程为 21.2m。管网的阻抗 $S'=\dfrac{21.2}{10^2}=0.212mH_2O/(m^3/h)^2$，增加阻抗为 $0.120mH_2O/(m^3/h)^2$。

采用调节转速的方法时，管网特性曲线仍为 Ⅱ，由横坐标 $Q=10m^3/h$ 作垂线，与曲线 Ⅱ 交点 3 为要求的工况点。由于曲线 Ⅱ 上的点满足 $H=\dfrac{H_1}{Q_1^2}Q^2$，即曲线 Ⅱ 是过单台水泵性

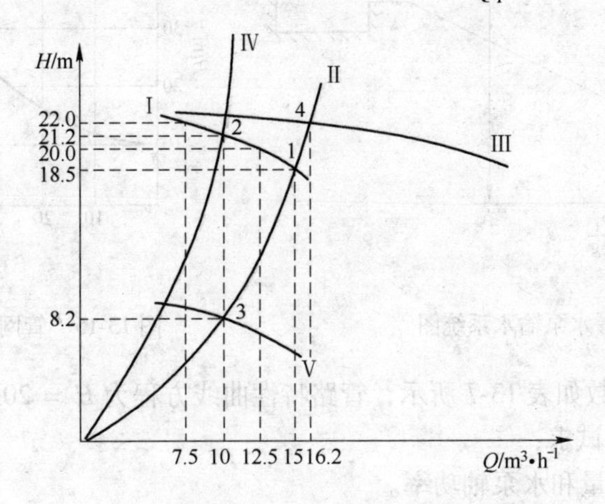

图 13-13 习题 13-16 示意图

能曲线Ⅰ上点1的相似工况曲线，因此点3与点1是相似工况点，所以转速 $n' = n\dfrac{Q_3}{Q_1} = 2900 \times \dfrac{10}{15} = 1933\text{r/min}$。

设水泵效率基本不变，调节阀门的耗功率和调节转速时的耗功率对比情况为：$\dfrac{N'}{N''} = \dfrac{Q_2H_2}{Q_3H_3} = \dfrac{21.2}{8.2} = 2.59$，即采用调节阀门的方法耗用电能是采用调节转速的2.59倍。

（3）按照水泵并联工作性能曲线的特征，作出两台水泵并联工作的联合工作性能曲线Ⅲ，与管网特性曲线Ⅱ交于点4，此时总流量为16.2m^3/h，不能达到30m^3/h，扬程为22.0mH_2O。

四、练习题

13-1 12Sh-19A型离心泵，流量为0.22m^3/s时，由水泵样本中的Q-[H_S]曲线中查得，其允许吸上真空高度[H_S] = 4.5m，泵进水口直径为300mm，从吸水管进入口到泵进口的水头损失为1.0m，当地海拔为1000m，水温为40℃，试计算其最大允许安装高度。（答案：1.5m）

13-2 某水泵输水系统如图13-14所示。已知输水量 $Q_V = 0.04m^3/s$，吸水池液面到高位水池的几何高差 $H_z = 10m$，管路总水头损失 $h_{l1-2} = 28m$，今欲用转速 $n = 950r/min$ 的水泵输水，已知该水泵的Q_V-H曲线如图13-15所示。试问：

（1）水泵工作点的参数？

（2）该泵能否满足输水要求？

（答案：工作点的参数为 $Q_V = 42L/s$；$H = 38.2m$；该水泵能够满足要求）

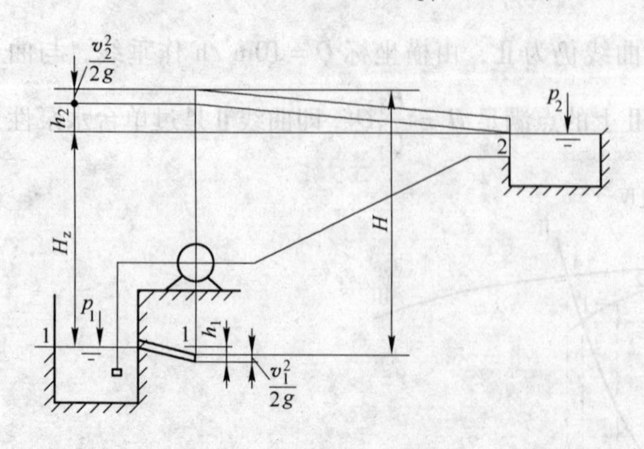

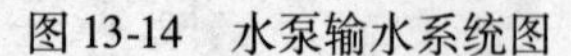
图13-14 水泵输水系统图

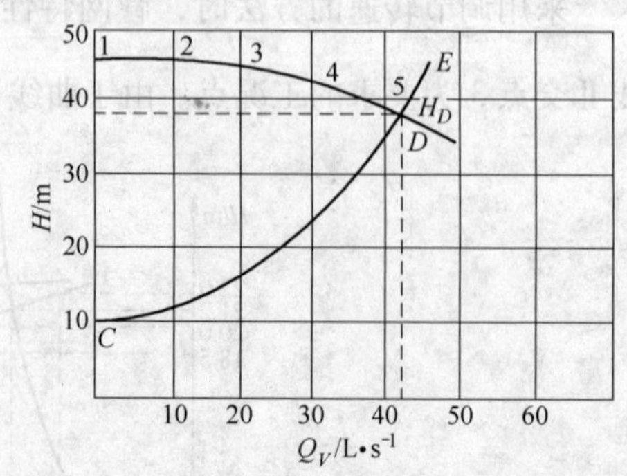

图13-15 管网和泵的性能曲线图

3-3 某水泵性能参数如表13-7所示，管路特性曲线方程为 $H = 20 + 0.078Q^2$（式中流量单位为L/s），试求：

（1）工作点流量和水泵轴功率。

（2）若系统所需最大流量 $Q = 6L/s$，水泵工作叶轮直径 $D_2 = 162mm$，今采用切割叶轮的方法提高水泵工作的经济性，问切割后叶轮直径为多大？

(3) 比较节流调节和切割叶轮两者中哪种方法更经济（即能节省水泵多少轴功率）？计算中不考虑叶轮对水泵效率的影响。

表 13-7　泵的流量、压头和效率

$Q/\mathrm{L\cdot s^{-1}}$	0	1	2	3	4	5	6	7	8	9	10	11
压头 $H/\mathrm{mH_2O}$	33.8	34.7	35	34.6	33.4	31.7	29.8	27.4	24.8	21.8	18.5	15
效率 η/%	0	27.5	43	52.5	58.5	62.4	64.5	65	64.5	63	59	53

（答案：(1) 2.974kW；(2) 144mm；(3) 节省 0.638kW）

13-4　$1\frac{1}{2}$BA-6 型泵叶轮直径 $D=128\mathrm{mm}$，性能曲线见图 13-16，该泵在管路中工作，管路阻抗 $S=0.408\times10^6\mathrm{s^2/m^5}$，管路出入口两端的测压管水头差 $H_{st}=12\mathrm{m}$，试求水泵的供水量、扬程、效率及功率。（答案：3.25L/s；16.3m；57%；0.91kW）

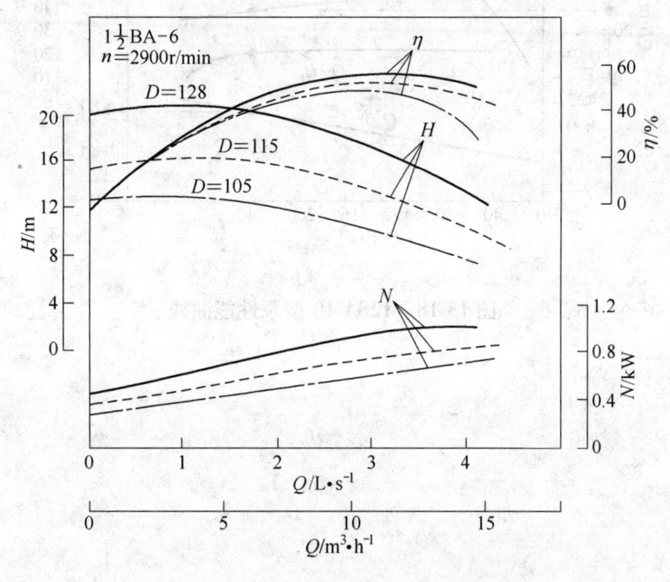

图 13-16　$1\frac{1}{2}$BA-6 型泵的性能曲线

13-5　在题 13-4 中水泵和管路系统不变，为了使流量减少 20%，

(1) 如采用阀门调节，问泵的流量、扬程、轴功率是多少？阀门消耗的水头是多少？

(2) 如采用变速调节，转速应调至多少？流量、扬程、轴功率是多少？（原转速 $n=2900\mathrm{r/min}$）

（答案：(1) 2.6L/s，18.2m，0.9kW，3.4m；(2) 2.6L/s，14.8m，0.67kW，2645r/min）

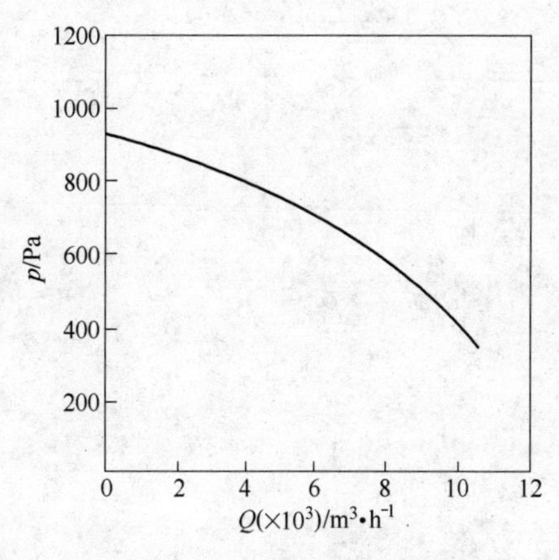

图 13-17　离心式风机的性能曲线

13-6　离心式风机的性能曲线如图 13-17 所示。管路性能曲线 $p=p_{st}+\gamma SQ^2$，已知静压 $p_{st}=$

500Pa，气体密度 $\gamma = 11.77\text{N/m}^3$，管路阻抗 $S = 3.45\text{s}^2/\text{m}^5$。试求两台相同的风机并联及串联工作的流量及风压，并与单机工作时的流量及风压进行比较。（答案：并联：2400m³/h，140Pa；串联：3700m³/h，200Pa）

13-7　12SA-10 型泵（性能曲线见图 13-18）安装在管路系统中，管路性能曲线 $H = H_{st} + SQ^2$，已知 $H_{st} = 15\text{m}$、$S = 226\text{s}^2/\text{m}^5$。试求：

（1）泵的流量、扬程。

（2）冬季流量减少 20%，叶轮应切削多少？

（答案：（1）240L/s，28m；（2）8.7%）

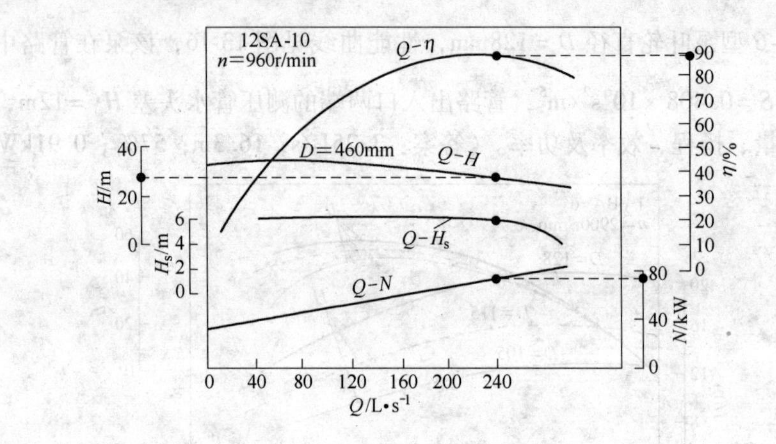

图 13-18　12SA-10 型泵性能曲线

第十四章　流体输配管网水力工况分析与调节

一、基本知识点

（一）液体管网压力分布图——水压图

1. 水压图及其特征

在液体管路中，将各节点的测压管水头高度顺次连接起来形成的曲线称为水压曲线（或水压图）。水压图主要有以下特征：

（1）利用水压曲线，可以确定管道中任何一点的静压值。管道中任意点的静压等于该点测压管水头高度和该点所处的位置标高之间的高差。

（2）利用水压曲线，可以表示出各管段的压力损失值。当两点之间没有水泵等动力源且流速变化可忽略时，管道中任意两点的测压管水头之差就等于两点间的压力损失值。

（3）根据水压曲线的坡度，可以确定管段单位管长平均降压的大小。水压曲线越陡，管段的单位管长平均压降就越大。

（4）由于液体管网是一个水力连通器，因此，只要已知或确定管路上任意一点的压力，则管路中其他各点的压力也就已知或确定了。

（5）测压管水头线包括动水压线和静水压线。动水压线表示系统在运行状态下的压力分布；静水压线表示系统在停止运行时的压力分布。

2. 供热系统的水压图

（1）膨胀水箱连接在水泵进口处的水压图。膨胀水箱连接在水泵进口处的水压图如图14-1所示，系统的静水压线为j—j，动水压线为$O'A'B'C'D'E'$。其中，线$O'A'$代表回水干线的水压曲线，线$D'C'B'$代表供水干线的水压曲线。

当膨胀水箱的安装高度超过用户系统的充水高度，而膨胀水箱的膨胀管又连接在靠近循环水泵进口侧时，就可以保证整个系统无论在运行或停运时，各点的压力都超过大气压力。

（2）膨胀水箱连接在水泵进口处的水压图。膨胀水箱连接在水泵进口处的水压图如图14-2所示。

运行时，整个系统各点的压力都降低了。同时，如供暖系统的水平供水干管过长，阻力损失较大，则有可能在干管上出现负压（如图14-2中，FB段供水干管的压力低于大气压力，就会吸入空气或发生水的汽化，影响系统的正常运行）。

对于重力循环热水采暖系统，由于系统的循环作用动力小，水平供水干管的压力损失只占一部分，膨胀水箱水位与水平供水干线的标高差，往往足以克服水平供水干管的压力损失，不会出现负压现象，所以可将膨胀水箱连接在供水干管上。

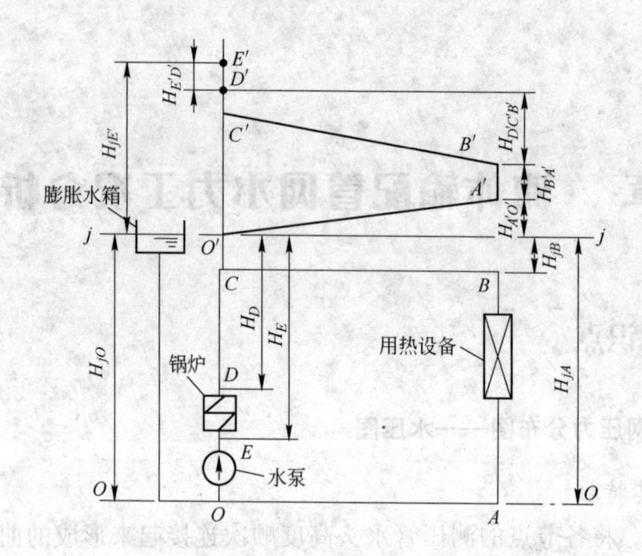

图 14-1 膨胀水箱连接在水泵进口处的水压图

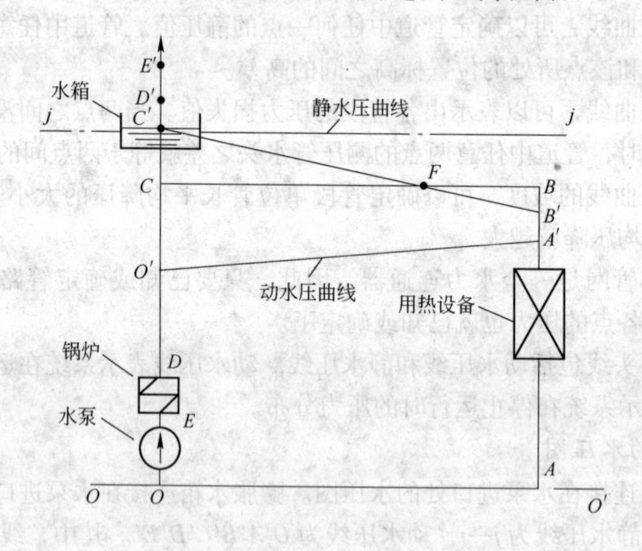

图 14-2 膨胀水箱连接在液体系统供水干管上的水压图

（3）管网系统的定压。常用的定压方式有：膨胀水箱定压、补给水泵定压、密闭压力缸气体定压等方式。定压点一般设置在管网循环水泵的吸入端。膨胀水箱定压是机械循环低温热水供暖系统最常用的定压方式。利用压头较高的补给水泵来代替膨胀水箱定压是高温水的供热系统常用的定压方式。

（二）气体管网压力分布图

有沿程阻力和局部阻力的通风管路压力分布如图 14-3 所示。图中 p_j 为静压，p_d 为动压，p_q 为全压，p_z 表示总压。

通风管路的特征：

（1）动压和静压相互转化。在同一流量条件下，管路流通截面大（管径大）的管段，

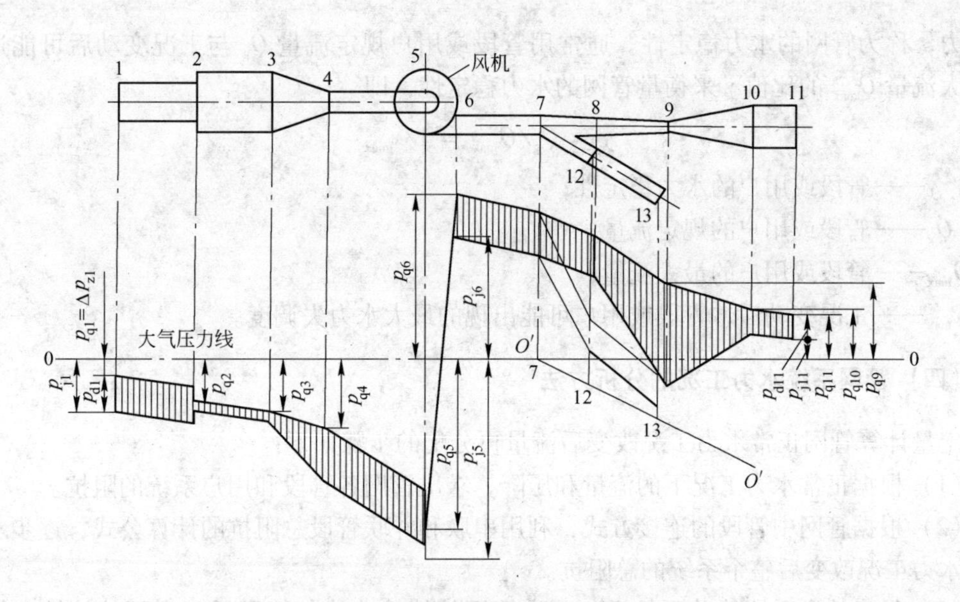

图 14-3 有沿程阻力和局部阻力的通风管路压力分布

因流速减小，动压降低，则静压上升（如2—3 管段），空气流过点 2 后发生静压复得现象（即动静压转换）。

（2）吸入端和压出管段压力规律相反。风机吸入端的全压和静压均为负值，且越靠近风机入口，由于阻力损失全压将一直减小，而绝对值增大，在风机入口负压最大。风机压出管段的全压和静压一般情况下均为正值，在风机出口正压最大。

（3）风机的风压 Δp（全压）等于风机进出口的全压差，或者说是等于风管的阻力及出口动压损失之和。

（三）管网水力失调与水力稳定性

（1）水力失调的概念。管网系统中的管段实际流量与设计流量的不一致性，称为水力失调。水力失调程度可用实际流量与设计流量的比值来衡量，即

$$x_i = Q_{si}/Q_{gi}$$

式中 x_i——所考察管段的水力失调度；

Q_{si}——所考察管段的实际流量；

Q_{gi}——所考察管段的设计流量。

管网系统中所有管段的水力失调度 x_i 都大于 1 或都小于 1 时，称为一致失调；反之，则为不一致失调。

所有管段的 x_i 都相等的状况，称为等比失调；反之，则为不等比失调。

（2）产生水力失调的原因。

1）管网中流体流动的动力源（一般为风机、泵及重力差等）提供的能量与设计不符。

2）管网的流动阻力特性发生变化，即管网阻抗 S_i 的变化。

（3）管网的水力稳定性。在管网中各个管段或用户的用量改变时，保持本身流量不变

的能力，称为管网的水力稳定性。通常用管段或用户规定流量 Q_g 与工况变动后可能达到的最大流量 Q_{max} 的比值 y 来衡量管网的水力稳定性，即

$$y = Q_g / Q_{max} = 1/x_{max}$$

式中　y——管段或用户的水力稳定性；

Q_g——管段或用户的规定流量；

Q_{max}——管段或用户的最大流量；

x_{max}——工况变动后，管段或用户可能出现的最大水力失调度。

（四）管网系统水力工况的分析方法

定量计算管网正常水力工况改变后流量再分配的步骤如下：

（1）根据正常水力工况下的流量和压降，求出管网各管段和用户系统的阻抗。

（2）根据管网中管段的连接方式，利用串联和并联管段总阻抗的计算公式，逐步求出正常水力工况改变后整个系统的总阻抗。

（3）得出整个系统的总阻抗后，画出管网的特性曲线与管网循环水泵的特性曲线相交，求出新的工作点。或利用联立方程直接求解新的工作点的扬程 p'、流量 Q' 和 $\Delta P'$ 值。

（4）顺次按各并联管段流量分配的计算方法分配流量，求出管网各管段及各用户在正常工况改变后的流量。

（五）提高管网水力稳定性的途径与方法

提高管网水力稳定性的主要方法是相对地减小管网干管的压降，或相对地增大用户系统的压降。

（1）减少管网干管的压降。减少管网干管的压降要适当增大管网干管的管径，即在进行管网水力计算时，选用较小的比摩阻值。适当地增大靠近动力源的管网干管的直径，对提高管网的水力稳定性效果更为显著。

（2）增大用户系统的压降。增大用户系统压降的方法主要有采用水喷射器、调压板、安装高阻力小管径阀门等措施。

（六）管网系统水力平衡调节

管网系统水力平衡的目的是使各个用户实际得到的流量与其需要的流量相同。系统在按设计建造完成后，必须进行相应的调节，使其达到设计要求。在运行过程中，也必须通过相应的调节措施来适应用户流量需求的变化，否则也会发生水力失调。

1. 初调节

在管网使用之初，通过调整预先安装的一些调节装置的开度，对各管段的阻力特征和流量进行一次全面的调整，使其达到设计要求，这种调节称为管网的初调节。

（1）比例调节法。比例调节法所依据的原理是：对上游管段（按分流干管中的流动方向）进行调节，被调节管段的下游用户之间的流量分配比例保持不变。

该方法的调节步骤如下：

1）调节支线选择。选择流量比值 $x_i = x_{zd}$ 最大的支线为调节支线。按支线流量比值的

大小顺序排列，此顺序即为支线依次调节的前后顺序。在一般情况下，热源近端支线流量比值偏大，因此，往往先从近端支线开始调节。

2）支线内的调节。选流量比值最小的热用户为参考用户。从调节支线的最末端用户开始调节，依次调节其他用户。按照支线流量比值大小顺序，采用上述方法，依次调节其他各支线范围内的用户。

3）支线间的调节。以支线中 x_i 最小值为参考比值，从最末端支线进行调节，使支线的流量比值调节为参考支线流量比值的95%。依次调节其他支线的平衡阀，使各支线流量比值等于最末端支线的流量比值。

4）全网调节。调节供热系统安装在供水管道上的总平衡阀，使最末端支线的流量比值等于1.0。根据一致等比失调原理，经过上述调节，供热系统各支线、各热用户的流量将运行在设计流量上，全网调节结束。

（2）补偿法。根据一致失调的原理，上游端用户的调节只会引起其下游各个用户的一致失调。从最下游的用户开始，由远及近进行调节时，对某个用户进行调节引起的下游用户的流量波动，可以在其下游的任何一个用户管路的平衡阀中检测到，且这些用户的流量波动是因为压力波动引起的。此时，通过调节支线回水管上的平衡阀，对产生的压力波动进行补偿，当调整到参照阀中的流量恢复到设计值时，所有已完成调试用户的流量波动都将得以恢复。

1）支线内的调节。任意选择待调支线，从末端用户开始调节，末端用户处的平衡阀为参照阀，首先确定其压降。依据设计流量下该用户的局部系统阻力确定参照阀的压降，其中供、回水干管的压降可按平均比摩阻估算。

2）计算参照阀的特性系数 K_V 和开度 K_S。根据供回水的压降 ΔH 和设计流量 Q'，由式（14-1）计算参照阀的特性系数 K_V。

$$K_V = \frac{3.2Q'}{\sqrt{\Delta H}} \quad 或 \quad K_V = \frac{10Q'}{\sqrt{\Delta p}} \tag{14-1}$$

式中 Q'——设计流量，m^3/h；

ΔH——供回水的水头损失，m；

Δp——供回水之间的压降，kPa。

特性系数 K_V 与阻抗 S 的关系可由式（14-2）表示。

$$S = \left(\frac{3.2}{K_V}\right)^2,\ mH_2O/(m^3/h)^2$$

或

$$S = \left(\frac{10}{K_V}\right)^2,\ kPa/(m^3/h)^2 \tag{14-2}$$

按照求出的平衡阀开度 K，调节用户的平衡阀，达到给定开度，并将平衡阀的手轮锁定。

3）将第一台智能仪表接至用户1的平衡阀上，调节支线的总平衡阀，使用户1的平衡阀上的压降达到计算值 ΔH。此时通过用户1平衡阀上的流量必然为设计流量。

将第二台智能仪表接到用户2的平衡阀上，调节平衡阀，使其通过的流量达到设计流量。与此同时，监视第一台智能仪表上的流量读数，调节支线总平衡阀，使用户1通过的流量始终保持在设计值。利用第二台智能仪表，依次调节用户 3 和用户 4，调节方法与用户 2 相同。

按照上述方法，逐个调节各支线。当调节支线不能满足足够的压降时，可将已经调好的支线总平衡阀关闭。

4）支线间的调节。调节最末端支线的总平衡阀（支线间调节时的合作阀），使支线的流量达到设计值。依次调节其余支线的总平衡阀，使各支线达到设计流量。同时监视末端支线的流量，调节供热系统总平衡阀，使其流量始终保持在设计值。

2. 运行过程中的调节

为了减轻失调，可从设计计算上采取不等温降方法和在系统中增加调节、自控设施。运行过程中的调节主要有自力式流量调节和调速变流量运行调节。

（1）自力式流量调节。这种方法的主要特点是依靠自力式调节阀，自动进行流量的调节控制。自力式流量调节又有利用恒温调节阀和流量限制调节阀进行调节两种方式。

（2）调速变流量运行调节。在运行中，常采用动力设备性能与管网特性调整相结合的手段，以及采用自动控制技术，来达到运行中的水力平衡。在运行过程中，用户流量需求大部分时间都比设计工况小，通过调小水泵（风机）的转速（特别是变频调速）的方法，来适应用户流量变小的要求，是一种重要的节能运行措施。

（七）管网中节点流量的确定

对于流体输配管网，由管段始端输入的流量分为两部分：一部分沿程输出，称为沿线流量或途泄流量；另一部分由始端直接输送至末端，称为传输流量。

（1）沿线流量。假定沿线流量均匀分布在全部干管上，据此计算出每米管线长度的沿线流量，称做比流量：

$$Q_s = \frac{Q - \Sigma Q}{\Sigma l}$$

式中　Q_s——比流量，m^2/h；

Q——所有用户的总流量，m^3/h；

ΣQ——集中用户（如公用建筑、小区用户）流量总和，m^3/h；

Σl——干管总长度，m。

根据比流量可求出各管段的沿线流量：

$$Q_l = Q_s l$$

式中　Q_l——沿线流量，m^3/h；

l——该管段长度，m。

（2）节点与节点流量。管网中，各管段的端点称为节点。从节点处流入或流出管网的流量称为节点流量。管段流量沿线变化不便于进行管网计算，必须将沿线流量转化成节点流出的流量。转化的方法是把沿线流量分成两部分，这两部分流量被人为地转移到管段两端的节点上。

设流量转移到管段终点的折算系数为 α，则该管段沿线流量转移到终点的部分为 αQ_l，转移到起点的部分为$(1-\alpha)Q_l$。对于燃气管网，一般取$\alpha=0.55$；对于给水管网，一般取$\alpha=0.5$，即将沿线流量平均转移到管段的起点和终点。

（3）计算流量。管内变化的流量（有沿线流量的管段），在计算时可以用不变的计算流量Q来代替，使计算流量求得的管段压力降与实际压力降相等。计算流量可以表示为：

$$Q = Q_1 + Q_2 = \alpha Q_l + Q_2$$

式中 Q——管道计算流量，m^3/h；

Q_1——节点流量，m^3/h；

Q_2——传输流量，m^3/h；

α——流量折算系数。它与途泄流量及传输流量的比值以及燃气沿线输出的均匀程度有关。经分析，当管段上的分支管数不小于5~10根，途泄量占30%~100%时，$\alpha=0.5\sim0.6$。

（八）环状管网水力计算的基本步骤

（1）绘制管网图，计算节点流量。

（2）绘制管网的环状干线图。

1）根据管网的管线布置图，将枝状管线从管网中暂时去掉，认为其与环状部分的连接处为节点，并将其流量视为该节点的节点流量。

2）分别进行节点和管段（分支）编号，编号应采用从1开始的自然数序列，并注意二者之间的区分。

3）初步拟定各个管段的流向。尽管初步拟定流向可以和管段的最终流向不一致，但因其影响到流量初始分配方案和管径选择，因此应结合流量输配要求进行拟定。

（3）管段流量初始分配。管段流量初始分配需满足管网的节点流量平衡。在燃气、供热等领域，可以根据环状管网所覆盖的面积、单位面积上人口密度和定额进行初步计算。

（4）初定管径。根据各个管段初始分配的流量以及管网设计的一些重要参数，如平均比摩阻、经济流速等，利用各类管网的管道阻力计算公式或水力计算图表初定管径。

（5）管网平差。根据水力计算，校核环网的压损闭合差是否为零。如果不为零，则进行平差计算。

（6）校核各管段的水力参数，进行管径调整。管网平差得出了环状干线各个管段在初定管径条件下的流量。计算各管段的流量后，可以方便地计算各个管段的流速、管段压降及比摩阻等水力参数。校核流速、比摩阻等参数是否符合设计要求，如不符合，可调整部分管径，重新进行管网平差计算，直到满足要求为止。

（7）计算各个节点的参考压力。在环状干线中，任意选择一个节点为参考节点，根据各个管段的阻力损失，计算出所有节点以参考节点的压力为起算点的压力值，该压力值称为参考压力。

（九）环状管网的水力工况分析

环状管网的水力工况分析的基本方法是在已知管网布置和各管段结构参数（管径、管长、管件的局部阻力系数等，即可以计算出各个管段的阻抗）、泵（或风机）的性能等条件下，求解管网的节点流量平衡方程组和回路压力平衡方程组，获得各个管段的流量，进而计算管段压降、节点压力、泵（风机）的工作流量、扬程（全压）等水力工况参数。

（十）环状管网的水力工况调节

当管网结构布置、分支（管段）阻抗及动力装置特性确定后，管网中的流量分配由管网流动的基本规律——节点流量平衡和回路压力平衡确定。

管网调节的目的是要实现某个特定的流量分配方案。要使这个流量分配方案在实际运行中得以实现，就要对管网进行相应的调整，使得要求的流量分配方案满足节点流量平衡和回路压力平衡。

二、难点

应用并联管段阻抗计算式时，应满足什么条件？

需要满足的条件是并联管段因流动造成的压力损失相等。按照管网的能量平衡，并联管段所组成的闭合回路（见图14-4a），或添加虚拟管段后形成的闭合回路（见图14-4b），若满足闭合回路之间的重力作用力 $p_G=0$、输入的全压作用力 $p_q=0$，则流动损失相等。该并联管路的所有方程均成立。对于气体通风管路，由于气体密度小，所以重力作用力 $p_G=0$，全压中的静压相等，均等于大气压强，进风口处动压为零。因此，对于气体通风管路的分支管路往往看成并联管路。其余情况则需具体分析。

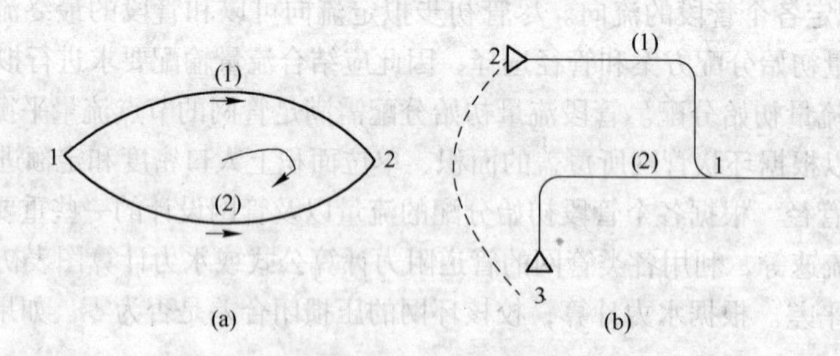

图14-4　闭合回路示意图

（a）并联管段组成闭合回路；（b）添加虚拟管段形成闭合回路

环状管网与枝状管网水力计算的主要区别。

在环状管网的计算中，已知用户需要的设计流量和管网的布置，尚不能完全确定每个管段流量，无法确定这些管段的管径，也无法计算流动阻力。须先根据管网节点流量平衡原理进行管段的初始流量分配，按照要求的水力参数（如比摩阻），选择管径。当选择出各个管段的管径后，初始分配的管段流量一般不能满足管网的能量平衡原理——回路压力平衡。需要依据节点流量平衡和回路压力平衡原理，重新计算各个管段的实际分配——环状管网平差。管网平差工作结束后，还要校核各管段的比摩阻、管网的后备能力等。如不满足要求，还需调整部分管径，重新进行管网平差计算，直到满足设计要求为止。

枝状管网水力计算时，已知用户需要的设计流量和管网的布置，就能完全确定每个管段流量，可按照要求的水力参数（如比摩阻），选择管径、计算阻力、进行压损平衡，为管网匹配动力。

三、习题详解

【习题 14-7】 图 14-5 所示为一个机械送风管网。水力计算结果见表 14-1。

表 14-1　水力计算结果

管　段	1—2	3—4	4—6	4—5
流量/kg · h^{-1}	5000	5000	2000	3000
阻力/Pa	100	150	200	200
管径/mm	700	700	400	500

（1）求该管网的特性曲线。

（2）为该管网选择风机。

（3）求风机的工况点，并绘制管网在风机工作时的压力分布图。

（4）求当送风口 5 关闭时风机的工况点并绘制此时管网的压力分布图。

（5）送风口 5 关闭后，送风口 6 的实际送风量是多少？要使其达到设计风量，该如何调节？

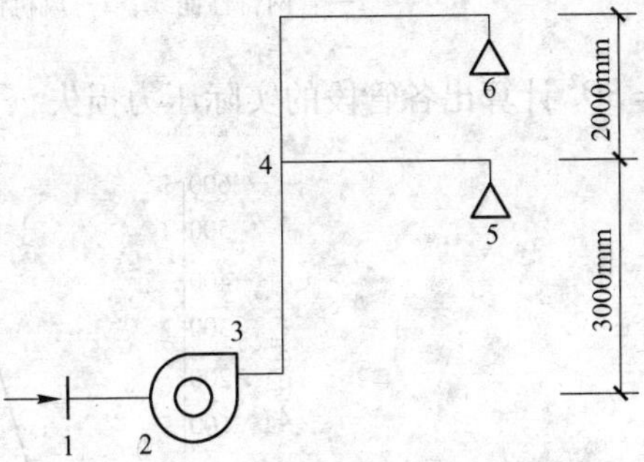

图 14-5　习题 14-7 图

解：（1）根据 $S=\dfrac{\Delta p}{Q^2}$ 计算出各管段的阻抗，见表 14-2。4—6 和 4—5 管段并联阻抗为：

$$S_{4-6并4-5}=\left(\frac{1}{\dfrac{1}{\sqrt{S_{4-5}}}+\dfrac{1}{\sqrt{S_{4-6}}}}\right)^2=103.68\text{kg/m}^7$$

因管网总阻抗为 233.28kg/m^7。据此可绘制管网特性曲线，见图 14-6。

表 14-2　各管段的阻抗、风量和阻力的计算结果

管　段	1—2	3—4	4—6	4—5
管段阻抗/kg · m^{-7}	51.84	77.76	648	288
风机工作时各管段风量/m^3 · h^{-1}	6000	6000	2400	3600
风机工作时各管段阻力/Pa	144	216	288	288

（2）根据该管网的风量和风压需求，选择 T4-72No. 5A 型普通离心风机，额定转速为 1450r/min。其性能曲线见图 14-6。它与（1）中所求出的管网特性曲线的交点为风机的工况点，可以求出风机的工作风量为 6000m^3/h，输出全压为 648Pa。此时各管段的实际流量见表 14-2。其中，管段 4—5 和 4—6 的流量分配按 $Q_{4-5}:Q_{4-6}=\sqrt{S_{4-5}}:\sqrt{S_{4-6}}$ 计算。按照

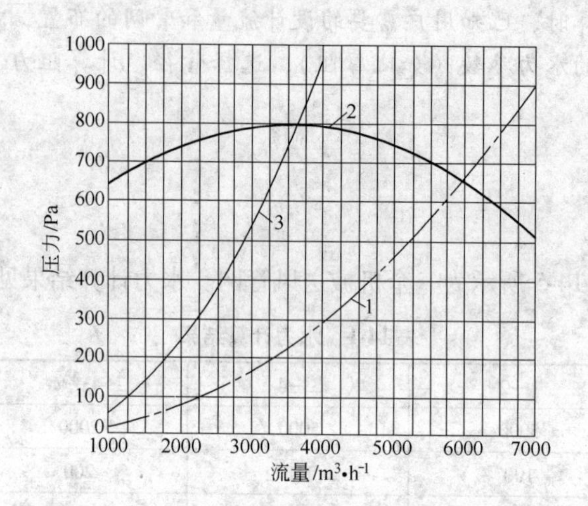

图 14-6 习题 14-7 性能曲线

1—管网特性曲线；2—风机性能曲线；3—风口 5 关闭时管网特性曲线

$p=SQ^2$ 计算出各管段的实际压力损失，见表 14-2，绘制阻力分布图，见图 14-7。

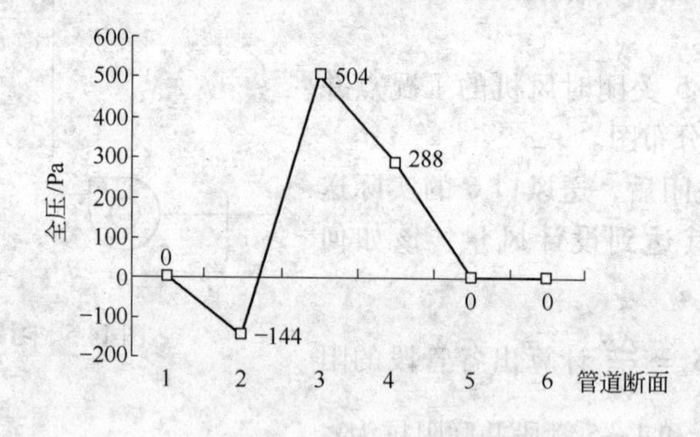

图 14-7 管网压力分布图

（3）送风口 5 关闭后，管网的总阻抗 777.6kg/m^7，作此时管网特性曲线，见图 14-6 中细实线。此时，风口 6 的实际风量为 3750m^3/h。欲使风机为设计风量 2000m^3/h，可调整风机转速至 $1450\times\dfrac{2000}{3750}=773\text{r/min}$。

【习题 14-8】 如图 14-8 所示是一个室内给水管网。水力计算结果见表 14-3。

表 14-3 水力计算结果

管 段	1—2	3—4	4—6	4—5
流量/kg·h^{-1}	5000	5000	2000	3000
阻力/kPa	15	15	25	25

求该管网水泵要求的扬程并绘制水压图。水龙头出水要求有 2m 的剩余水头。

解： 该管网水泵要求的扬程 H 按管路 1—2—3—4—6 计算。

$$H = h_{l1-2-3-4-6} + (Z_6 - Z_1) + h_{d出}$$

$$= (15 + 15 + 25)/9.8 + 5 + 2$$

$$= 12.5 mH_2O$$

实际选择泵时，还需要考虑10% ~20%的安全余量，以保证在实际条件与计算条件发生偏差时仍能满足要求。在室内给水中，一般用水设备出口的水流要保持一定的速度水头，一般为2 ~5mH_2O。以水泵轴线为标高基准线，绘制水压图，如图14-9所示。

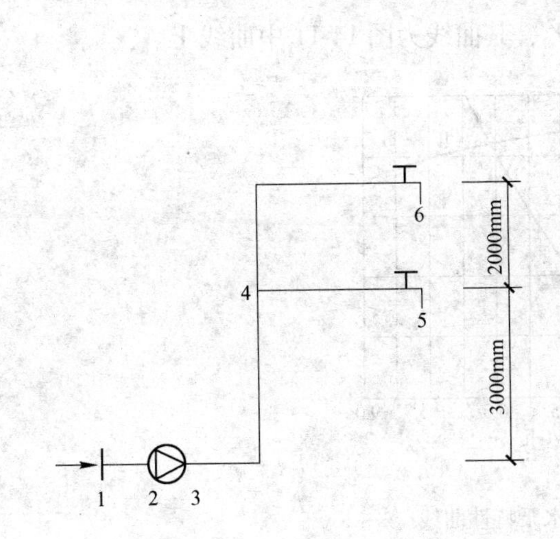

图14-8 习题14-8图

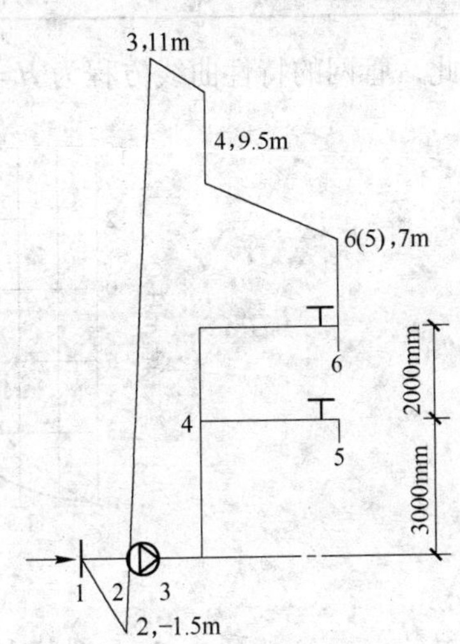

图14-9 某室内管网水压图

【习题14-9】 图14-10所示是一个室内热水采暖管网。水力计算结果见表14-4。

表14-4 水力计算结果

管 段	1—2	2—3	3—4	4—5	2—5	5—6
流量/kg · h^{-1}	6000	3000	3000	3000	3000	6000
阻力/Pa	25000	15000	35000	15000	65000	30000
管径/mm	50	32	32	32	25	50

（1）求该管网的特性曲线。

（2）为该管网选择水泵，确定水泵的工况点，并绘制管网在水泵工作时的压力分布图。

（3）求当3—4之间的阀门关闭时水泵的工况点并绘制此时管网的压力分布图。

（4）3—4之间的阀门关闭后，2—5之间用户的实际流量是多少？要使其达到设计流量，该如何调节？

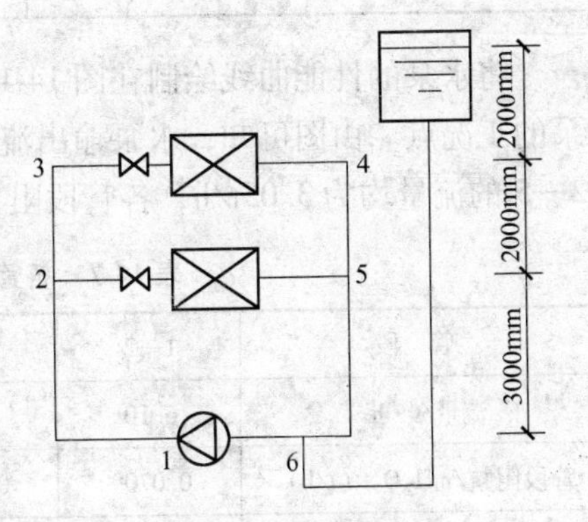

图14-10 习题14-9图

解：（1）根据$S = \frac{h_l}{Q_m^2}$计算各管路阻抗，其中质量流量Q_m单位为t/h，h_l的单位为mH_2O，管段阻抗单位

为 $mH_2O/(t/h)^2$。计算结果见表 14-5。按照管段的串并联关系，计算管网系统的总阻抗。

表 14-5　各管段阻抗计算结果

管　段	1—2	2—3	3—4	4—5	2—5	5—6
管段阻抗/$mH_2O\cdot(t/h)^{-2}$	0.0709	0.1701	0.3968	0.1701	0.7370	0.0850
2—3，3—4，4—5 串联阻抗/$mH_2O\cdot(t/h)^{-2}$	0.7370					
2—3，4—5 与 2—5 并联阻抗/$mH_2O\cdot(t/h)^{-2}$	0.1842					
系统总阻抗/$mH_2O\cdot(t/h)^{-2}$	0.3401					

因此，管网的特性曲线方程为 $H=0.3401Q_m^2$，其曲线为图 14-11 中曲线 Ⅰ。

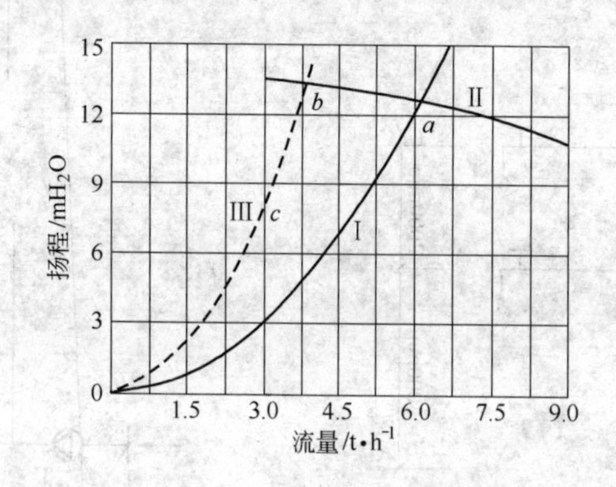

图 14-11　管网与水泵特性曲线

Ⅰ—管网特性曲线；Ⅱ—水泵性能曲线；Ⅲ—管网特性曲线

（2）该管网设计总流量为 6t/h，总阻力为 $12mH_2O$。选择 IRG40-100 型离心式管道热水泵，其性能参数如表 14-6 所示。

表 14-6　IRG40-100 型离心式热水泵性能参数

流量/$t\cdot h^{-1}$	扬程/mH_2O	转速/$r\cdot min^{-1}$	功率/kW	电动机功率/kW
4.4	13.2	2900	0.33	0.55
6.3	12.5		0.4	
8.3	11.3		0.48	

将水泵的性能曲线绘制在图 14-11 中，即曲线 Ⅱ，它与管网特性曲线 Ⅰ 的交点 a 为水泵的工况点。由图可知，水泵输出流量为 6.10t/h，扬程为 $12.6mH_2O$。管段 3—4 和管段 2—5 的流量均为 3.05t/h，各管段阻力见表 14-7。

表 14-7　各管段的流量、阻抗和阻力计算结果

管　段	1—2	2—3	3—4	4—5	2—5	5—6
流量/$t\cdot h^{-1}$	6.10	3.05	3.05	3.05	3.05	6.10
管段阻抗/$mH_2O\cdot(t/h)^{-2}$	0.0709	0.1701	0.3968	0.1701	0.7370	0.0850
阻力/mH_2O	2.6	1.6	3.7	1.6	6.8	3.2

以水泵轴线为压力0—0基准高度线。膨胀水箱与管网的连接点6为定压点，水头值为7mH_2O，根据各管段的阻力和水泵的工作扬程，可计算出各节点的水头，见表14-8。水压图如图14-12所示。

表14-8　各节点水头计算结果

节　点	1	2	3	4	5	6
水头/mH_2O	19.6	17.0	15.4	11.7	10.2	7.0

（3）3—4管段上的阀门关闭，此时系统的总阻抗为0.8929$mH_2O/(t/h)^2$，管网特性曲线见图14-11中曲线Ⅲ。水泵工况点为b，输出流量为3.86t/h，水泵扬程为13.3mH_2O。各管段阻力与节点压力计算结果见表14-9。水压图如图14-13所示。

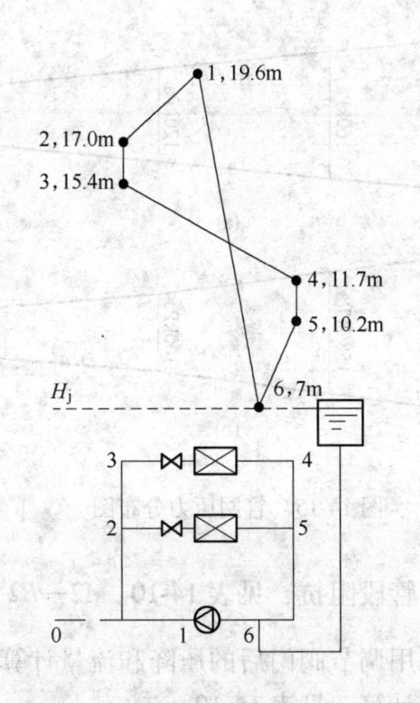

图14-12　水泵工作时管网的压力分布图

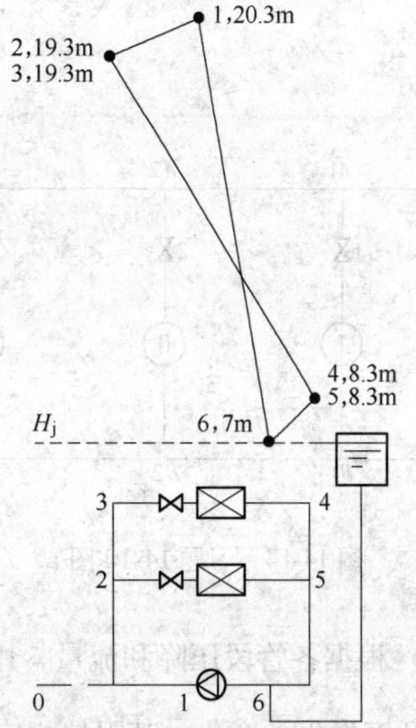

图14-13　阀门关闭时管网压力分布图

表14-9　各管段阻力与节点压力计算结果

管段编号	管段阻力/mH_2O	节点编号	节点压力/mH_2O
1—2	1.1	1	20.3
2—5	11.0	2	19.3
5—6	1.3	5	8.3
6—1	0.0	6	7.0

（4）3—4管段上的阀门关闭后，2—5之间的用户流量为3.86t/h。欲使该用户保持设计流量3t/h，可以关小2—5管段上的阀门，将管网阻抗增加至1.4950$mH_2O/(t/h)^2$，此时水泵扬程为13.5mH_2O；或调节水泵的转速，此时应使水泵工作在$Q'_m=3t/h$的竖直线与管网特性曲线Ⅲ的交点c。c与b为相似工况点，因此可根据相似关系计算得出水泵的转速：

$$n' = n \times \frac{Q'_m}{Q_m} = 2900 \times \frac{3}{3.86} = 2254\text{r/min}$$

此时水泵扬程为 $8.0\text{mH}_2\text{O}$。

【习题 14-10】 如图 14-14 所示，在设计流量 $Q_{Ⅰ} = Q_{Ⅱ} = Q_{Ⅲ} = 100\text{m}^3/\text{h}$ 时，阻力 $\Delta p_{AA1} = \Delta p_{A1A2} = \Delta p_{A2A3} = 20\text{kPa}$；$\Delta p_{B3B2} = \Delta p_{B2B1} = \Delta p_{B1B} = 20\text{kPa}$；$\Delta p_{A3B3} = 80\text{kPa}$。

（1）绘制此管网的压力分布图。

（2）用户Ⅱ开大阀 2，将自己的流量 $Q_{Ⅱ}$ 增加到 $150\text{m}^3/\text{h}$，$\Delta p_{A2B2} = 100\text{kPa}$，此时管网的压力分布图将怎样变化？并请计算Ⅰ、Ⅲ的水力失调度。

（3）计算用户Ⅲ的水力稳定性，提出增大用户水力稳定性的措施。

解：（1）压力分布如图 14-15（a）所示。

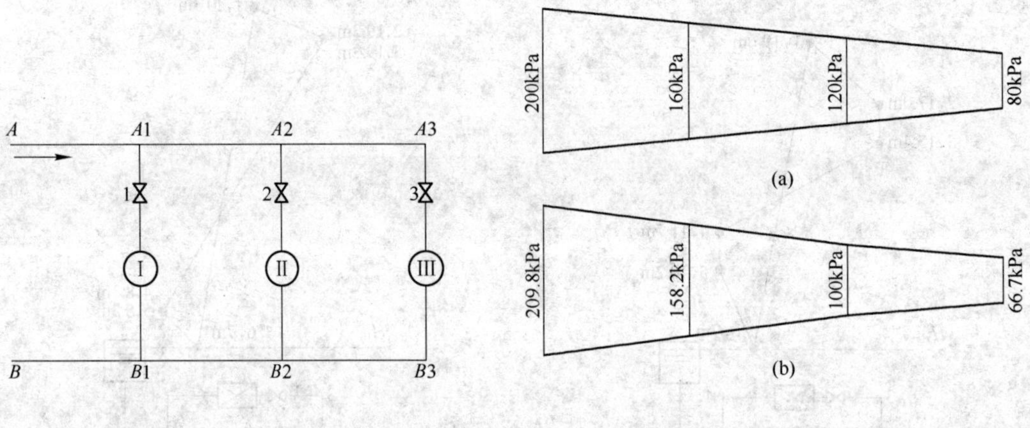

图 14-14　习题 14-10 图　　图 14-15　管网压力分布图

（2）根据各管段压降和流量，用 $S = \frac{p}{Q^2}$ 计算各管段阻抗，见表 14-10。A2—B2 管段的阀门开度发生了变化，其阻抗相应地发生变化，采用调节阀门后的压降和流量计算。其余各管段阻抗不发生变化，可采用原来的流量与压降计算，见表 14-10。

表 14-10　各管段阻抗计算结果

管　段	压降/Pa	流量/$\text{m}^3\cdot\text{h}^{-1}$	阻抗/$\text{Pa}\cdot(\text{m}^3/\text{h})^{-1}$
A—A1	20000	300	0.222
A1—A2	20000	200	0.5
A2—A3	20000	100	2
A1—B1	160000	100	16
A2—B2	100000	150	4.444
A3—B3	80000	100	8
B3—B2	20000	100	2
B2—B1	20000	200	0.5
B1—B	20000	300	0.222

管网水力工况计算见表 14-11。

表 14-11　管网水力工况计算

用户Ⅲ流量/$m^3 \cdot h^{-1}$	$Q_3 = \left(\dfrac{\Delta p_{A2A3}}{S_{A2A3} + S_{A3B3} + S_{B3B2}}\right)^{\frac{1}{2}}$	91. 29
用户Ⅱ流量/$m^3 \cdot h^{-1}$	Q_2 已知	150
$A1$—$A2$ 和 $B1$—$B2$ 压降/Pa	$\Delta p_{A1A2} + \Delta p_{B2B1} = (S_{A1A2} + S_{B2B1})(Q_2 + Q_3)^2$	58219. 46
$A1$—$B1$ 压降/Pa	$\Delta p_{A1B1} = \Delta p_{A2B2} + \Delta p_{A1A2} + \Delta p_{B2B1}$	158219. 46
用户Ⅰ流量/$m^3 \cdot h^{-1}$	$Q_1 = \left(\dfrac{\Delta p_{A1B1}}{S_{A1B1}}\right)^{\frac{1}{2}}$	99. 44
总流量/$m^3 \cdot h^{-1}$	$Q = Q_1 + Q_2 + Q_3$	340. 73
A—$A1$ 和 $B1$—B 压降/Pa	$\Delta p_{AA1} + \Delta p_{B1B} = (S_{AA1} + S_{B1B})Q^2$	51598. 37
总压降/Pa	$p = \Delta p_{AA1} + \Delta p_{B1B} + \Delta p_{A1B1}$	209817. 83

此时压力分布如图 14-15（b）所示。

用户Ⅰ的水力失调度：$\chi_{\mathrm{I}} = \dfrac{Q_{\mathrm{SI}}}{Q_{\mathrm{gI}}} = \dfrac{99.44}{100} = 0.99$

用户Ⅲ的水力失调度：$\chi_{\mathrm{III}} = \dfrac{Q_{\mathrm{SIII}}}{Q_{\mathrm{gIII}}} = \dfrac{91.29}{100} = 0.91$

（3）用户Ⅲ的水力稳定性为：

$$y_{\mathrm{III}} = \frac{Q_{\mathrm{gIII}}}{Q_{\mathrm{III\,max}}} = \sqrt{\frac{p_{\mathrm{III}}}{p_{\mathrm{III}} + p_{\mathrm{W}}}} = \sqrt{\frac{80}{80 + 120}} = 0.63$$

提高用户水力稳定性的主要方法是相对地增大网络干管的管径，以减小网络干管的压降，或相对地增大用户系统的压降。适当地增大靠近动力装置网络干管的直径，对提高网络的水力稳定性效果更为显著。为了增大用户系统的压降，可采用安装高阻力、小管径的阀门等措施。在运行时，应尽可能将网络干管上的阀门开大，而把剩余作用压差消耗在用户系统上。

四、练习题

14-1　采暖重力循环系统和机械循环系统的膨胀水箱是如何设置的，为什么？

14-2　管网系统如图 14-16 所示，热用户 3 处增设加压泵 B，而其他管段和热用户不变，

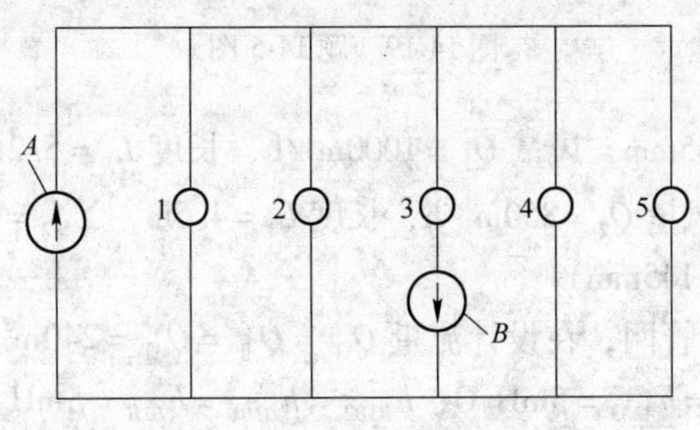

图 14-16　题 14-2 图

管网系统运行时，试分析整个管网总阻力的变化？（答案：总阻力减少）

14-3　管网如图 14-17 所示，当阀门 a 关小时，各热用户流量怎样变化？当阀门 b 关小时，情况又如何？

14-4　管网正常工况时水压图和各热用户的流量如图 14-18 所示，则管网的阻抗为多少？（答案：2.4Pa/（m^3/h）^{2}）

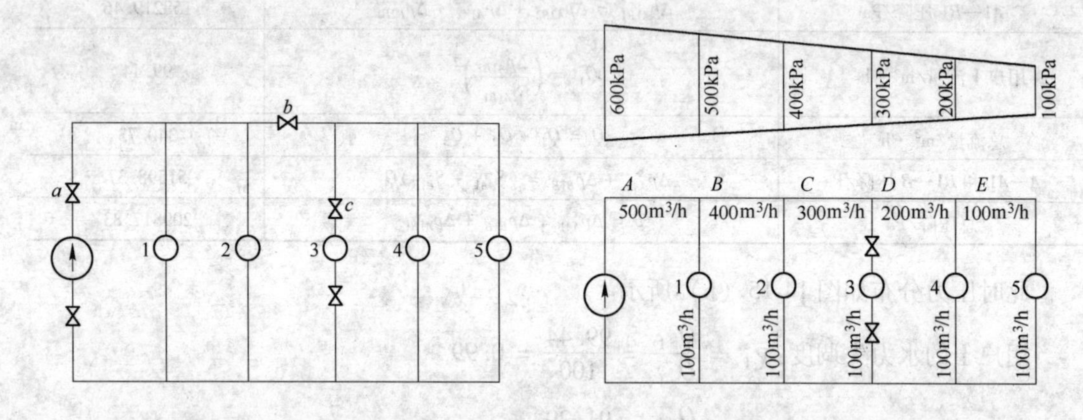

图 14-17　题 14-3 图　　　图 14-18　题 14-4 图

14-5　在图 14-19（a）、（b）、（c）三种情况下，1 点的气压为 p_1 = 750mmHg，2 点的气压为 p_2 = 750mmHg，空气密度为 1.2kg/m^3，求在三种情况下 1、2 点之间的阻力。（答案：（a）68mmH_2O；（b）4mmH_2O；（c）62.13mmH_2O）

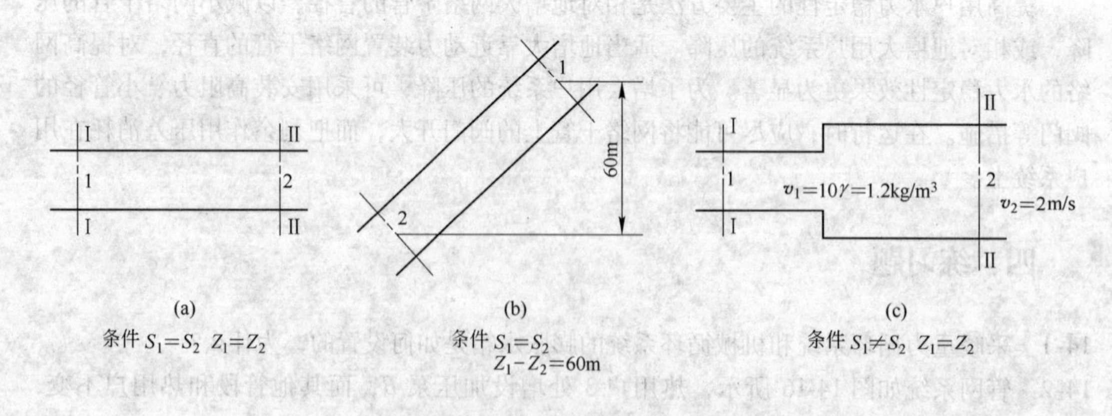

图 14-19　题 14-5 图

14-6　某三通干管 d_1 = 155mm，风量 Q_1 = 1000m^3/h，长度 L_1 = 5.2m，局部阻力系数 $\Sigma\zeta_1$ = 0.5，支管 d 中，风量 Q_2 = 850m^3/h，长度 L_2 = 4.5m，$\Sigma\zeta_2$ = 0.55，求 d，并使其阻力平衡。（答案：d = 145mm）

14-7　如图 14-20 所示的管网，在设计流量 $Q_{\text{I}} = Q_{\text{II}} = Q_{\text{III}}$ = 240m^3/h 时，各管段的流动阻力为：$h_{AA1} = h_{A1A2} = h_{A2A3}$ = 5mH_2O；$h_{B3B2} = h_{B2B1} = h_{B1B}$ = 5mH_2O；h_{AB} = 10mH_2O；h_{A3B3} = 10mH_2O。水泵转速为 1450r/min，性能参数见表 14-12。

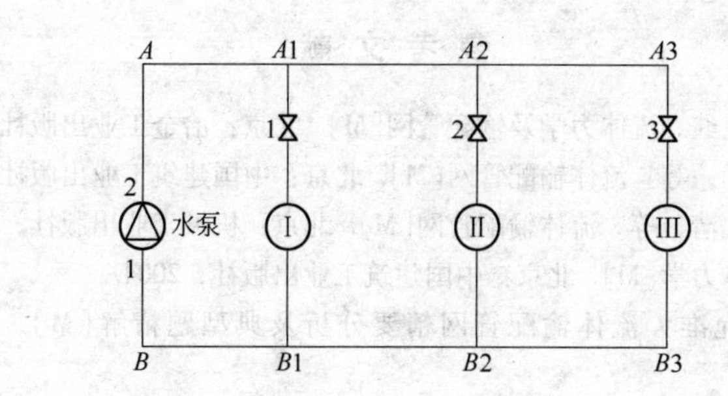

图 14-20　题 14-7 图

表 14-12　水泵性能参数表

参数序号	1	2	3
流量/$m^3 \cdot h^{-1}$	500	720	900
扬程/mH_2O	54.5	50	42
效率/%	72	80	80

(1) 由于负荷减小，三个用户均关小自己的阀门，将流量降低到 $167m^3/h$，求此时水泵的工况点，计算其消耗的功率。这时，各个用户支路的阻抗分别增加了多少？计算阀门上的功率消耗。

(2) 若用户阀门开度不变，依靠水泵变频调小转速来满足用户的流量需求（三个用户均为 $167m^3/h$），求此时水泵的转速和消耗的功率。

(3) 如果依靠控制水泵进出口的压差恒定（$p_2 - p_1 = 50mH_2O$）来控制水泵的转速以满足用户的流量需求（三个用户均为 $167m^3/h$），此时各个用户仍需调小阀门。试求水泵此时的转速和消耗的功率，并计算因各个用户关小阀门增加的功率消耗。

（答案：(1) A1—B1 增加了 1.08750×10^{-3}，A2—B2 增加了 1.08854×10^{-3}，A3—B3 增加了 1.08854×10^{-3}，各干管不进行调节，阻抗不变，阀门功率损耗为 62.07kW；(2) 转速为 1007r/min，功率为 41.06kW；(3) 转速为 1381r/min，功率为 93.29kW，功率增加 52.23kW）

参 考 文 献

[1] 马庆元，郭继平，周卫红．流体力学及输配管网[M]．北京：冶金工业出版社，2011.
[2] 付祥钊，王岳人，王元，等．流体输配管网[M]．北京：中国建筑工业出版社，2005.
[3] 龚光彩，柳建华，李孔清，等．流体输配管网[M]．北京：机械工业出版社，2008.
[4] 龙天渝，蔡增基．流体力学[M]．北京：中国建筑工业出版社，2004.
[5] 刘伟军，匡江红，傅允准．流体输配管网精要分析及典型题精解[M]．北京：化学工业出版社，2008.
[6] 肖益民，林真国，张素云．流体输配管网学习辅导与习题精解[M]．北京：中国建筑工业出版社，2007.
[7] 周谟蟾，许汉珍，孙亦兵．流体力学习题解析[M]．武汉：华中科技大学出版社，1988.
[8] 禹华谦，黄蔚雯．工程流体力学[M]．天津：天津大学出版社，2006.
[9] 严敬，赵琴，杨小林．工程流体力学[M]．重庆：重庆大学出版社，2007.
[10] 武文斐，牛永红．工程流体力学习题解析[M]．北京：化学工业出版社，2008.
[11] 汪兴华．工程流体力学习题集[M]．北京：机械工业出版社，1983.
[12] 夏泰淳，王飞，刘岳元，等．工程流体力学习题解析[M]．上海：上海交通大学出版社，2006.
[13] 张燕侠，黄蔚雯．流体力学泵与风机[M]．北京：中国电力出版社，2007.
[14] 莫乃榕，槐文信．流体力学水力学题解[M]．武汉：华中科技大学出版社，2002
[15] 屠大燕．流体力学与流体机械[M]．北京：中国建筑工业出版社，1994.
[16] 归柯庭，汪军，王秋颖．工程流体力学[M]．北京：科学出版社，2010.